代理模型技术在
机械设计中的应用研究

向国齐　张祺　著

西南财经大学出版社

中国·成都

图书在版编目(CIP)数据

代理模型技术在机械设计中的应用研究/向国齐,
张祺著.--成都:西南财经大学出版社,2024.12.
ISBN 978-7-5504-6495-7

Ⅰ.TH122

中国国家版本馆 CIP 数据核字第 2024DF7640 号

代理模型技术在机械设计中的应用研究

DAILI MOXING JISHU ZAI JIXIE SHEJI ZHONG DE YINGYONG YANJIU

向国齐 张 祺 著

策划编辑:王 琳
责任编辑:刘佳庆
责任校对:植 苗
封面设计:张姗姗
责任印制:朱曼丽

出版发行	西南财经大学出版社(四川省成都市光华村街55号)
网 址	http://cbs.swufe.edu.cn
电子邮件	bookcj@ swufe.edu.cn
邮政编码	610074
电 话	028-87353785
照 排	四川胜翔数码印务设计有限公司
印 刷	成都金龙印务有限责任公司
成品尺寸	170 mm×240 mm
印 张	14.75
字 数	291 千字
版 次	2024 年 12 月第 1 版
印 次	2024 年 12 月第 1 次印刷
书 号	ISBN 978-7-5504-6495-7
定 价	88.00 元

前言

制造业是国民经济的支柱产业，是整个工业及国民经济的基石，是国家创造力、竞争力、综合国力和科技水平的重要体现。同时，以大型装备为代表的现代机械产品制造业不仅为现代工业社会提供物质基础，为信息与知识社会提供先进装备和技术平台，也是国家安全的基础。当前，随着计算机技术、信息技术、自动化技术、互联网技术、人工智能等相关技术的发展及应用，现代机械产品的复杂性日益增强，其设计开发过程向着智能化、专业化、快速化、集成化、并行化等方向发展，相应地衍生出智能设计、优化设计、可靠性设计、稳健性设计、虚拟设计及协同设计等先进设计方法。

随着各学科理论和计算机仿真技术的不断发展，现代机械产品的研发通常采用基于仿真的设计优化，但在很多情况下，产品涉及多个不同学科领域，而且各学科的仿真模型可能非常复杂，要获得理想的优化结果需要各学科分析模型之间多次迭代才能完成，计算时间的大量耗费往往令人无法接受。同时，制造业的主要竞争目标是缩短产品设计和制造的周期，最终达到降低产品开发成本的目的。因此，计算复杂性是复杂产品研发中面临的一个重要问题。

当前机械产品设计理论发展中，无论是对于设计周期及开发成本的要求，还是设计与计算效率的要求，都有必要投入大量的研究精力去发

1

展能有效减少实际结构试验或复杂计算机仿真分析的实用结构设计方法，而代理模型技术就是解决以上问题的有效途径，并逐渐得到重视与发展，在国内外已经成为产品设计优化领域的一个研究热点。所谓代理模型技术，是指在不降低精度情况下采用少数样本点构建一个简单的数学模型。该模型的计算结果与仿真分析模型结果很接近，在解决优化问题时用该简单数学模型替代复杂的仿真模型，优化迭代过程中可以不断更新模型，提高代理模型的精度，代理模型实际就是"模型的模型"。代理模型计算量小，计算周期短，能够大幅提高设计优化计算的效率。因此，将代理模型技术应用到机械产品的设计优化具有重要意义。

本书的主要目的是将代理模型技术用于解决复杂机械产品设计优化问题，为工程设计人员提供参考。全书共六章，第一章主要分析代理模型技术及现代复杂机械产品的设计优化方法。第二章主要阐述代理模型技术基本原理和试验设计的基本理论，分析了它们各自的优缺点和适用场合，供工程设计人员参考。第三章将代理模型技术应用于产品多目标优化问题，提出了基于支持向量机和遗传算法的优化方法、基于支持向量机和粒子群算法的优化方法和基于支持向量机和改进遗传算法的优化方法、基于改进量子粒子群算法的 Kriging 代理模型优化方法；详细阐述了这些方法的算法流程，以工程多目标优化问题实例，验证了它们的有效性和可行性。第四章将代理模型技术应用于产品可靠性优化问题，建立了可靠性分析的极限状态方程，并利用改进的一次二阶矩方法分析了可靠性及其对设计参数的灵敏度，提出了基于 Markov Chain 改进的重样抽样的 Monte Carlo 方法来验证改进一次二阶矩方法分析可靠性的正确性；并以变双曲圆弧齿线圆柱齿轮的可靠性优化实例验证了它们的有效性和可行性。第五章将代理模型技术应用于产品稳健优化问题，研究了不确定因素对产品质量特性的影响机理，提出了多目标稳健优化的数学模型；提出了基于支持向量回归机代理模型的稳健优化方法和基于 Kriging 代理模型的可靠性稳健优化方法，并详细阐述该算法流程；以典型产品结构优化问题对所提出方法进行验证，比较研究了不同代理模型在逼近具有不确定因素的优化模型时的性能。第六章将代理模型技术应用于产品多学科优化问题，介绍了五种代表性的多学科设计优化方法，并分析了各自的优缺点；提出了基于支持向量回归机代理模型的多学科协同优化方法和基于协同近似的多学科设计优化方法，建立了该算法的数学模型，并详细阐述了算法流程。以典型的耦合优化问题算例对 SVR-CO 方法进行验证，比较研究了 SVR-CO 方法、标准 CO 与 MDF 方法的优化效果，验证了该方法的有效性。

最后，衷心希望每一位阅读本书的工程师、教师、学生都能够有所收获，拥有一个美好灿烂的明天。作者水平有限，不足之处请多多包涵。

向国齐　张祺

2024 年 4 月

目录

第一章 绪论

结构优化设计是结构设计中设计概念与方法的革命，它是一种采用系统的、目标定向的和满足标准的科学设计方法，替代了传统的试验纠错的手工方法。结构优化设计本质上是寻求最好或最合理的设计方案，而优化方法便是达到这一目的的手段。虽然对大多数现实问题，尤其是大型复杂结构而言，由于目标函数复杂、设计变量繁多，资源（时间、成本）的耗费巨大，往往不可能得到一个"最理想"的设计结果，但它依然提供了指导思想与标准，形成了概念框架和运作手段。

结构优化设计最早源于马克斯威尔理论和米歇尔桁架，到现在已有100多年历史，用数学规划来解决结构优化的计算亦有60多年，特别是过去50年来，结构优化设计在理论研究、算法设计和应用方面都取得了快速发展。有些实际结构问题往往十分复杂，受多方面因素（几何特征、载荷、材料、成本、环境等）的影响，因此在结构优化设计时必须抓住问题的主要方面和主要矛盾，删繁就简、进行抽象，形成数学模型，以便于实施优化。结构优化设计的价值取决于所建立数学模型和相应的寻优求解算法，特别是与所选用的设计变量、约束条件和规定目标函数或评价函数有密切关系。优化获得的最优解或最优设计只是一个相对的最优结果，仅仅是在所选用的约束与评价函数条件下，它才是最优的。

工程设计师们采用优化设计方法完成任务时，其中一个很重要的环节是如何在实际问题中建立比较准确的模型。由于实际问题的多样性，且各具特色，往往需要了解系统的方法与规则，以及适当地简化。事实上，只有加深对优化原理与方法的理解，通过实践逐步积累经验，才能掌握有关辨识问题、模型抽象、选择合适算法与求解的设计能力。

优化设计是一种"综合"，它要综合各方面的因素、要求和约束，以

1

产生一个尽可能理想和满意的设计方案，显然其复杂程度要比单纯的分析难度大很多，计算工作量有量级上的差别，需要有高速、大容量的计算机和完善的软件支持，才能取得成效。

第一节　结构优化概述

优化是研究数学上定义的问题的最优解，对于实际问题则是从众多的方案中选出最优方案。最优化问题包括最小化和最大化两类。以最小化问题为例，其数学模型可表示为

$$
\begin{aligned}
&\text{Find} \, x \in R^n \\
&\min f(x) \\
&x = (x_1, \ x_2, \ \cdots, \ x_n) \\
&s.t. \ h_i(x) = 0, \ (i = 1, \ \cdots, \ l) \\
&g_j(x) = 0, \ (j = 1, \ \cdots, \ m) \\
&x_{\min} \leqslant x \leqslant x_{\max}
\end{aligned}
\tag{1-1}
$$

式中：$x = (x_1, \ x_2, \ \cdots, \ x_n)$ 为 n 维决策向量；f 为目标函数；l 和 m 分别为等式约束条件和不等式约束条件的个数；h_i 为第 i 个等式约束；g_j 为第 j 个不等式约束；$x_{\min}$ 和 $x_{\max}$ 分别表示决策向量 x 的取值下限和上限。

所有约束边界所包围出的区域称为优化问题的可行域。在可行域中的设计变量满足所有的约束条件，设计变量所确定的设计方案可以使用，称为可行解；反之，称为不可行解。目标函数的最大化等价于最小化，因此最大化和最小化问题并无本质区别。大多情况下的优化问题如果无特殊说明则将其视为最小化问题。

优化问题可按照不同标准进行分类。按照是否有约束条件、优化问题可分为约束优化和无约束优化问题；按照自变量是否为随机变量，优化问题可分为随机性优化和确定性优化问题；按照目标函数和约束条件是否包含非线性项，优化问题分为非线性优化和线性优化问题；按照自变量是否为时间的函数，优化问题分为动态优化问题和静态优化问题；按照所求最优解的全局性，最优化问题可分为求局部最优解的局部优化问题和求全局最优解的全局优化问题。

结构优化是基于结构分析和优化理论获得最优或近似最优的结构设计

过程。结构优化以结构分析得到的响应量数据为基础,借助敏度分析、优化计算等方法获得满足给定条件的最优结构设计。因此,从结构设计的发展过程看,结构分析是第一阶段的低层次结构设计,结构优化是第二阶段的高层次结构设计。

通常,结构设计或工程设计过程包括概念设计和详细设计两个阶段。概念设计是在详细设计之前对设计问题进行定义,包括选择设计部件、设计变量、设计函数及精度要求等。详细设计主要是按照概念设计问题定义进一步确定设计变量的取值,并对不同设计变量取值的详细设计方案进行分析和试验,最终获得满意的详细设计方案。因此,结构优化的应用阶段主要是结构设计或工程设计过程的详细设计阶段。

一、结构优化的基本类型

从设计对象和设计变量的特点上看,结构优化设计可分为尺寸(截面)优化、形状优化、拓扑(布局)优化和类型优化,不同设计对象的结构优化问题运用不同的方法。例如,在航空结构优化中运用尺寸优化和形状优化较多,而拓扑优化和类型优化较少。

(1)尺寸优化

尺寸优化是在确定的形状下对结构构件的截面、性质等进行优化,其设计变量可以是截面尺寸、截面面积、惯性矩等。尺寸优化的结构形状确定,因此设计过程中有限元分析模型的定义域固定不变。例如,如图 1-1 所示受到集中载荷 F 作用的两杆结构。

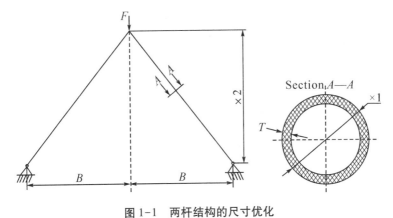

图 1-1 两杆结构的尺寸优化

该结构优化问题的设计变量为两杆件的截面面积（或杆的横截面公称直径 x_1）和结构的高度（结构的高度 x_2），要求在满足两杆应力和公共端点位移均小于各自允许值的条件下，使该桁架结构的重量最小。

尺寸优化设计的方法很多，研究的重点在优化算法和敏度分析上。经过几十年的发展，尺寸优化方法的研究已经比较成熟，特别是对于连续变量的优化问题，直接利用敏度分析和合适的数学规划方法就能获得较为理想的尺寸优化结果。

（2）形状优化

形状优化主要是确定结构的边界或内部的几何形状，以改善结构特性，从而达到改善结构的受力状况和应力分布、降低局部区域应力集中等目的。

在形状优化设计过程中，结构的几何形状会不断地改变，因此有限元分析模型的定义域会随着形状的改变而发生变化。自 20 世纪 70 年代以来，形状优化方法的研究取得一定的进展，但与尺寸优化方法相比还不够成熟。

（3）拓扑优化

拓扑优化是对结构的拓扑形状和空间位置进行优化设计。拓扑优化可分为离散结构拓扑优化和连续体结构拓扑优化两类。其中离散结构拓扑优化预先假定拓扑中的结构类型，如桁架或梁结构类型；而连续体结构拓扑优化是从满布材料的连续体开始，优化完成后才能确定结构的类型，因而可视为材料分布问题。

（4）类型优化

类型优化是在概念设计阶段对结构类型的选择和优化。例如，建筑结构类型的选择，包括砌体结构、钢结构或混凝土结构等；桥梁结构类型的选择，包括梁式结构、拱结构、桁架结构或斜拉式结构等；航空发动机转子基本结构类型的选择，包括鼓式、盘式和鼓盘混合式结构。结构类型的选择可能需要考虑地理位置、地质条件、材料供应、工程造价等众多因素，因此结构类型优化是结构优化中层次最高和难度最大的优化问题，大部分情况下只能依靠专家经验在很少的可选方案中进行选择。

二、结构优化的关键技术

结构优化设计的研究内容非常广泛，所涉及的方法和技术繁多，其中较为重要的方法和技术包括设计优化问题的分解、分析计算模型构建、代理模型技术、优化设计模型的建立、优化求解策略、参数化建模等。下面对这些关键技术及各自的发展方向进行简要介绍：

（1）设计优化问题的分解

在复杂系统设计优化中，设计变量和约束很多，往往涉及多个学科领域。为了降低设计问题的难度和复杂性，通常需要对复杂系统的设计问题进行分解，将庞大的、难以处理的复杂系统设计优化问题分解成多个易于处理的子问题。因此，研究能够支持系统分解的软件框架至关重要，这也是复杂结构优化设计的重要研究内容之一。已有研究表明，松散耦合系统能更好地集成已有的各种设计代码，具有适应问题形式变化的灵活性。

（2）分析计算模型构建

目前，结构设计的分析模型可按逼真度的高低分为三个级别：逼真度低的经验公式、逼真度居中的近似优化模型，以及逼真度高的仿真分析模型。利用 ANSYS、CFD 等有限元分析软件进行仿真计算的高逼真度分析模型能够提供最为准确的分析结果，但是采用高逼真度分析模型常常存在如下困难：不易甚至不能实现自动执行；缺乏足够的鲁棒性；经常需要数小时甚至更长的计算时间。即使高逼真度分析能够完全自动执行，其高昂的计算成本也使完全采用高逼真度分析进行优化的过程难以实现。所以，分析模型的选择和构建是复杂结构优化设计的一个重要研究内容。

（3）代理模型技术

代理模型是一种基于少量数据构建的真实模型的近似模型，可称为模型的模型。代理模型技术无需了解输入变量与输出响应之间的物理意义，可仅关注数据本身，利用数学方法快速构建模型，属于监督学习的一种。因此代理模型技术可应用于输入与输出之间物理意义不明的、计算成本高昂的优化设计与分析中，能在一定程度上解决维数灾难的问题。对于结构复杂、仿真分析模型的建立和计算都非常难的设计问题，通常需要采用代理模型技术（或近似技术）将原问题转化为易于求解的序列子问题来求解。代理模型技术的基本假设是序列近似子问题的最优解能够收敛到原优化问题的最优解，因此利用代理模型技术进行优化求解的过程能否收敛以及收敛的快慢主要取决于如何构造近似子问题。目前，代理模型技术的研究和应用已经取得了一些进展。为满足复杂结构优化设计的需要，代理模型技术的一个重要研究方向是进一步研究鲁棒、高效且适用性好地逼近模型和智能采样技术。

（4）优化设计模型的建立

优化设计模型的建立包括设计变量的选择、优化目标的确定和约束条件的处理，其中优化设计目标可以分为可行、改进、最优和多目标（Pareto）最优四类，分别对应四类相互关联的设计方法，即可行设计、改进设计、单目标优化设计和多目标优化设计。复杂结构优化设计问题的设计目标通常包括性能、成本、可靠性等多个设计目标，因此多目标优化代表着复杂结构优化设计的重要发展方向。从设计系统的功能看，一个重要的发展方向是提高设计系统的灵活性，以便处理具有不同目标函数的优化设计问题。就目标函数的表达方式而言，重要的发展方向是如何表述多目标的、模糊的或隐式表达的目标函数。

（5）优化求解策略

优化方法一直是工业优化设计领域关注的重要问题。对优化方法的研究主要包括：研究复杂工程设计的非线性和非凸优化问题；研究正确处理不光滑问题与规范化要求，克服收敛速度慢的问题；研究同时包含离散和连续设计变量，具有多个局部极值点、大量设计变量和约束的设计优化问题；增加优化过程的鲁棒性，研制可有效解决大规模优化问题的实用软件等。优化方法的未来发展方向是提高优化方法的适用性、鲁棒性、高效性、强大性及全局寻优等方面的性能。其中，适用性是指能够对包含离散或连续设计变量、单目标或多目标等不同类型的优化设计问题进行计算和求解；鲁棒性是指在大范围、高难度的设计空间条件下仍然能够保证收敛；高效性是指优化所需要的计算时间较少或者能够保持合理的水平；强大性是指能够处理设计变量和约束条件成千上万的大规模优化问题；全局性是指能够有效避免局部极小并最终找到全局最优或近似最优解。

三、结构优化方法

结构优化方法可分为三类：准则法、数学规划法以及智能优化算法进行结构优化设计的方法。

（1）准则法

准则法是根据工程经验、力学概念以及数学规划的最优性条件，预先建立某种准则，通过相应的迭代方法，获得满足这一准则的设计方案作为问题的最优解或近似最优解。在早期的结构优化中，大多按工程经验与直觉来提出准则，如等强度设计准则、同步失效准则和满应力准则等。在准则法中，目标函数并不突出，只是强调寻求一个满足某种准则的设计即为最优设计。准则法在迭代初始点远离可行域时往往不稳定，但当其能够收敛时收敛速度较快，因此提高稳定性是采用准则法时需要解决的一个主要问题。结构优化的准则法有满应力准则法、满应变能准则法、演化结构优化算法等。

满应力准则法的设计思想是对一个既定的结构布局，通过调整构件的截面尺寸，使各构件承受荷载的能力得以充分发挥。满应力准则法对最优解的判断是基于各构件承受载荷的程度是否达到满应力标准，但在实际中经常出现满应力解并非最优解的情况。如果结构作用多种荷载，结构一般不会出现每种荷载下每个构件都达到满应力的情况，满应力解只是使结构的每个构件至少在一种荷载情况下的应力达到容许应力的解。如果结构是超静定结构，各构件的内力与构件截面尺寸相关，那么每次调整截面后将使内力重新分布，即使经过多次迭代，一般也不可能使全部构件达到满应力，得到的解仍然为近似满应力解。

满应变能准则法的设计思想和满应力设计相似，其对最优解的判断标准是满应变能准则，即结构中单位体积的应变能达到与材料强度允许的最大应变能。由于很难使各构件的应变能与它的最大应变能完全相等，故满应变能准则可修正为：各构件应变能与其最大应变能的比值趋近于结构总应变能与其总的最大应变能的比值，且等于某一常数。在用能量准则法时，宜采用位移法分析，便于由位移求出构件的应变，从而求出应变能。

演化结构优化算法的主要思想：从一个包含了所有可行解的基结构出发，在分析优化过程中逐渐舍去无效或低效的单元，从而使最后结构趋于最优。演化结构优化算法的最初算法以应力为准则，舍去低应力值的单元，使优化后的结构具有更均匀的应力水平。随后，该方法经过不断的发展和完善，应用范围扩展至拓扑优化、尺寸优化、形状优化等各类结构优化问题。

（2）数学规划法

结构优化问题本质上是数学优化问题，可针对具体的优化问题类型采用相应的数学规划法寻找最优解或近似最优解，主要包括无约束最优化方法、线性规划法和非线性规划法。

无约束最优化方法繁多，大致可分为两大类：直接最优化方法和间接最优化方法。直接优化方法是不使用导数，仅通过比较目标函数值的大小来移动迭代点，使迭代点逐步趋近最优点的优化方法。由于直接优化方法不用目标函数的导数信息，因此可用于求解目标函数不可微或者目标函数梯度难以计算的无约束优化问题。比较有代表性的直接优化方法包括步长加速法、方向加速法、单纯形替换法、黄金分割法等。间接优化方法是利用梯度甚至二阶导数信息指导优化搜索方向进行优化求解的方法。由于间接优化方法能够利用函数的梯度甚至二阶导数信息指导优化搜索的方向，这一方面使间接优化方法具有迭代次数少、收敛速度快的优点，另一方面又使间接优化方法具有如下缺陷：只适用于连续变量且目标函数导数存在的情况；需要计算目标函数的导数，因此在求解大规模优化问题时计算量和存储量都很大。具有代表性的间接优化方法包括最速下降法、梯度法、牛顿法、共轭方向法等。

线性规划是数学规划中理论成熟、实践广泛的一个分支。虽然大多数设计问题是非线性规划问题，但在数学规划研究中线性规划研究仍占重要地位。其原因：有一部分实际问题，诸如运输、分配问题等，可用线性规划求解；线性规划是数学规划的基础，能够为非线性规划提供基础支撑，比如可用线性规划求解非线性规划的子问题，或者利用线性逼近法直接求解某些非线性问题。线性规划的求解方法很多，如单纯形法、初等矩阵法、迭代法等。

非线性规划问题的常用求解方法可大致分为如下三类：第一类是可行方向法，其特点是在迭代过程中沿可行方向搜索并保持新迭代点为可行点。根据可行方向的确定方法不同，形成了不同的可行方向法，主要包括可行方向法、梯度投影法、既约梯度法、线性化法等。第二类是罚函数法，也称为序列无约束极小化方法，其特点是根据问题的约束函数和目标函数，构造一个具有惩罚效果的目标函数序列，从而利用构造的无约束优化问题序列逼近约束优化问题，相应无约束优化问题的最优解序列逼近约束优化问题的最优解。根据所采用的罚函数类型的不同，形成了不同类型的罚函数法，主要包括外点罚函数法、内点罚函数法、混合罚函数法、乘子法增广法等。第三类是基于近似思想的约束优化方法，其共同特点是采用序列近似的思想将原目标函数的求解转换为对系列近似子问题的优化求解，如序列线性规划、序列二次规划法、信赖域方法等。工程中的大多数优化问题属于带有约束条件的非线性规划问题。约束非线性规划问题比无约束优化问题复杂，求解也更为困难。虽然目前已有很多求解非线性规划问题的方法，但依然没有一种通用的、有效的成熟方法。

（3）智能优化算法

20世纪后半叶以来，通过模拟生物行为或各种自然现象，形成了具有一定自组织性和自适应性的现代优化算法，包括遗传算法、差分进化算法、模拟退火算法、人工神经网络、蚁群算法、粒子群优化等现代优化算法，为利用计算机解决复杂优化设计问题提供了新的手段和有力的支撑。

①遗传算法

进化算法通常包括遗传算法、遗传规划、进化策略和进化规划，遗传算法是进化计算领域中最有代表性的算法，其中在工程优化设计领域中最受关注的是遗传算法。进化策略用传统的十进制数表达优化问题，强调直接在解空间进行遗传操作，主要用于求解数值优化问题。但近年来随着遗传算法也采用十进制编码技术求解数值优化问题，进化策略和遗传算法相互渗透，已使二者没有明显的界线；进化规划也是用实数型表达优化问题，没有重组或交换，但有选择，近年来与进化策略交叉渗透，差别减少。

遗传算法最初是美国密西根大学的教授Holland于1975年提出的自适应系统模型，随后应用于最优化问题。20世纪80年代中期以来，遗传算法和进化计算的研究进入蓬勃发展期，多个以遗传算法和进化计算为主题的国际会议在世界各地定期召开。目前，遗传算法已经被广泛应用于各种类型的结构设计优化和其他工程优化领域。

遗传算法秉承达尔文生物进化理论的自然选择思想，由经过基因编码的一定数目的个体组成代表问题可能潜在解集的种群，从初始种群开始，每一进化代都根据优胜劣汰的原则在种群中进行选择、交叉、变异等遗传操作，使种群所代表的解不断逼近原问题的最优解。遗传算法的特点和优越性主要表现在适用范围广，只需要使用优化问题的目标函数值信息，对搜索空间和优化问题的性质没有特殊要求，目标函数既可以是非连续或不可导的，也可以是多峰值或者带噪声的函数；并行性好，利用种群从多个设计点而不是一个设计点开始搜索，可以处理大量的模式，容易并行实现，适合大规模并行计算，提高求解的效率；全局搜索能力强，使用随机概率转移规则而不是确定性的转移规则，即使在适应函数非连续、非规则或有噪声的情况下，也能以较大概率获得优化问题的全局最优解；同其他优化算法具有很好的兼容性，有利于将遗传算法和其他优化算法结合，形成混合搜索策略，以提高算法的效率。遗传算法通常存在优化搜索后期收敛速度慢的缺陷。研究表明，进化算法可以很快接近最优解，但要达到真正最优解则需要很长时间。群体规模、杂交和变异算子的概率等控制参数的选取比较困难，在实际应用中往往出现过早收敛和收敛性能差等缺点。

遗传算法在最初的简单遗传算法的基础上，发展了多目标遗传算法、模糊遗传算法、多层遗传算法、自组织迁移遗传算法、混合遗传算法等多种改进策略，以适应各种不同类型的优化问题。

②差分进化算法

差分进化算法是 1995 年 Storn 和 Price 针对连续变量的全局最优化问题提出来的一种随机性搜索的全局优化方法。差分进化算法的原理是通过维护和操作一个由多个表示优化问题解的个体组成的种群，利用种群中随机选择的不同个体之间的加权差向量实现种群进化向量的扰动，最终实现对问题最优解的搜索。虽然相对其他现代优化算法而言，差分进化算法的提出时间较晚，但自提出以来该算法已经取得了巨大进展。在进化优化计算国际竞赛中，差分进化算法表现突出，是进化类算法中速度最快的算法，具有较高的实际应用价值。

相对于模拟退火算法、粒子群算法等其他现代智能优化算法而言，差分进化算法的突出优点：原理简单，控制参数少，便于实现和使用；局部搜索能力和计算精度较好；搜索前期的收敛速度快，可靠性和鲁棒性较好。但是，差分进化算法也存在其不足之处。比如，由于算法具有的贪婪特性，会出现局部收敛和早熟收敛；后期收敛速度较慢。因此，国内外学者对算法进行了大量研究，提出了许多的改进方法和策略，通过利用算法的局部寻优信息和算法的全局寻优信息，改善算法的寻优过程，使该算法获得更好的全局寻优能力。目前，差分进化算法及其改进算法已经被广泛应用于电力系统、模式识别等许多工程领域。

③模拟退火算法

模拟退火算法是以退火过程为物理背景形成的一种优化算法。在退火过程中，温度逐渐降低，系统在每一温度下都能达到热平衡，最终趋于能量最小的基态。模拟退火算法主要包括新状态产生函数、新状态接受函数、退温函数、抽样稳定准则和退火结束准则。算法的一般应用形式是首先选定初值，然后借助控制参数温度（递减时产生的一系列马尔可夫链），利用一个新解产生装置和接受准则，重复进行包括产生新解、计算目标函数差、判断是否接受新解、接受（或舍弃）这四项任务的试验，不断对当前解迭代，从而使目标函数最优。模拟退火算法的主要缺陷是求得高质量的近似最优解的时间长，当问题规模大时运行时间难以满足需求；该算法的主要优点是具有高效性、鲁棒性、通用性和灵活性。另外，模拟退火算法的思想常可与别的优化算法结合，以便形成新的改进算法，扩大算法的应用范围。

模拟退火算法最初主要应用于求解大规模组合优化问题，在随后的发展过程中其应用范围扩展到结构优化设计领域、电子工程、模式识别等领域。

④蚁群算法

蚁群算法是20世纪90年代初研究者提出的一种模拟真实蚁群觅食行为的寻优搜索算法，其基本思想可简单描述：在给定点进行路径选择时，曾经被选择的次数越多的路径被重新选中的概率越大。蚁群算法的特点主要包括：采用分布式控制，不存在中心控制；每个个体只能感知局部的信息，不能直接使用全局信息；个体可以改变环境，并通过环境来进行间接通信；具有自组织性；是一类概率型的全局搜索方法；其优化过程不依赖于优化问题本身的严格数学性质，比如连续性、可导性以及目标函数和约束函数的精确数学描述；具有潜在的并行性，其搜索过程不是从一点出发，而是同时从多个点进行，可大大提高整个算法的运行效率和反应能力。

实践应用表明，蚁群算法也存在着一些缺陷，如收敛速度慢、易出现停滞现象等，因此国内外学者提出了改进的蚁群算法和蚂蚁系统，如增强的蚁群算法、多蚁群算法、最大-最小蚂蚁系统、基于排序的蚂蚁系统等。目前，蚁群算法已经发展成一种通用的优化技术，并广泛被用于可靠性优化、计划调度、管路优化、结构优化设计等领域。

⑤粒子群优化算法

粒子群优化源于模拟鸟群在觅食时相互协作使群体达到最优的行为过程，是一种基于群智能的优化计算方法。作为一种基于种群操作的优化技术，粒子群优化算法中每个粒子代表一个可能的解。群体中每个粒子在迭代过程所经历过的最好位置，就是该粒子本身所找到的最好解，称为个体极值。整个群体所经历过的最好位置，就是整个群体目前找到的最好解，称为全局极值。每个粒子都通过上述两个极值不断更新自己，从而产生新一代群体，并在此过程中实现整个群体对优化设计空间的全面搜索。作为一种新的进化计算技术，粒子群优化算法并没有遗传算法那样的选择、交叉和变异算子，而是每个粒子根据自身的速度变化来调整自己的位置。粒子群优化算法具有编码方式较简单、速度快、对于初始种群的设置不敏感等优点，但也存在计算量代价较高的缺点。

因为粒子群优化算法容易理解、易于实现，所以粒子群优化算法发展很快，目前粒子群优化算法及其改进算法已经被广泛用于各种工程优化和结构设计问题。

第二节　代理模型在结构优化设计中的应用

在如今的工程实践中，绝大多数复杂系统或结构的优化设计问题为多变量、多约束的高维优化问题，在这类问题中设计变量与目标、约束函数之间的关系一般只能通过仿真模拟确定，因此最终设计参数的获得通常是一个反复迭代的过程，伴随着仿真模型大量次数的调用评估。基于现有的计算机发展水平，在模型调用上所耗费的高昂时间成本无疑使得计算效率降低，从而导致优化设计周期增加。所以，代理模型技术便应运而生。代理模型被用作真实模型的替代，采用数学的方法构造真实模型输入参数和输出响应之间的显式函数关系，使复杂的工程问题能通过简单的数学计算得到解决。将代理模型技术引入复杂结构的工程优化设计问题中，能够大幅度降低为了搜寻最优设计参数所需真实模型反复调用的时间成本，大大提高计算效率从而缩减了设计周期。对于代理模型技术而言，需对其原理进行深入理解，将提高代理模型精度与效率作为研究重点。通过研究代理模型技术，并将代理模型技术与优化设计紧密结合，将研究结果成功运用于汽车工程、航空航天、复杂装备结构设计等工程实践中，必能推动我国工业化迈向更高水平。

为了简单说明代理模型的原理，需引入样本点与响应值的概念。对于仿真模拟来说，通过对仿真模型赋予一组输入参数，并运行仿真软件即可得到分析结果。所述一组输入参数的组合代表一个样本点，而输出结果则称之为样本响应。代理模型是一种插值方法，其基本原理是基于现有的样本点与样本响应，采用插值的方法构建一个超曲面，一旦超曲面构建完成，现有样本点与其真实响应的映射关系就建立完成，从而未知样本点便可遵循已有的映射关系对其响应值进行预测。因此，代理模型通过少量已有的样本与其响应值完成建立，通过数学计算即可得到未知样本的响应值从而起到代替仿真模型的作用，大幅度降低为了搜寻最优设计参数所需真实模型反复调用的时间成本，大大提高了计算效率。

历经半个世纪的发展，代理模型技术在各个领域发挥着不可替代的作用，并被学者们不断探索，其应用方向遍布数学、经济学、生物学、工学，等等。在工学尤其是工程优化设计中，代理模型技术的存在起着相当重要的作用。基于代理模型的结构优化设计相较于基于传统数值仿真模拟的优化设计而言，能使所需计算成本大大降低，不仅节省了所需计算成本，而且使得优化设计周期显著缩减，推动着工业水平迈向更高的台阶。目前以下几种类型的代理模型被研究人员广泛应用，分别是多项式响应面模型、径向基函数、BP 神经网络模型、格里金模型、支持向量回归模型等。

代理模型技术在结构优化设计中的研究与应用最先起源于结构优化方法的发展与要求。自从 Schmit 等提出近似的概念并将数学规划法引入结构优化设计中，建立显式的目标函数或约束函数的近似表达式就得到了广泛关注。经过 20 年的发展，Barthelemy 和 Haftka 根据近似函数在设计空间中的预测范围大小，将结构优化中的函数近似归纳为局部函数近似、全局函数近似以及介于两者之间的中等程度函数近似。局部函数近似是围绕设计空间中一些关键点处根据其函数值与梯度信息进行原函数的泰勒级数展开，如常见的一阶泰勒展开与高阶泰勒展开等，其有效近似范围仅仅局限于该关键点周围。但是梯度信息计算的难度以及数值噪声等原因，使其在处理多极值函数问题、强非线性问题以及结构响应不连续问题时出现困难。中等程度函数近似方法旨在加强局部近似的适用范围，包括多点局部近似以及局部-全局近似等。全局函数近似是在更大范围的设计空间内对原函数进行逼近，通常不需要原函数的局部梯度信息，因此在许多复杂的结构优化问题中具有明显优势，本书所研究代理模型技术为起源于结构优化设计中的全局或局部函数近似方法。

随着工程结构设计问题的日益复杂，代理模型技术已经出现在与之相关的各种工程应用中，被学者们认为是解决复杂工程设计问题的最有效途径之一。代理模型技术的实质是以拟合精度或预测能力为约束,利用近似技术对离散数据进行回归或插值的数学模型,通过有限的已知点响应构造近似模型对未知区域进行预测。目前常用的代理模型近似技术包括响应面模型、人工神经网络、径向基函数、Kriging 模型和支持向量机等。Viana F.A.C 在其博士论文中,总结了近 20 年来在 ISIWeb of Knowledge 数据库中(www.isiknowledge.com)与四类典型代理模型研究相关的年度工程类科技文献数量,从其发展趋势可以看出研究人员对典型代理模型近似技术的研究热情一直以来处于持续升温的过程,尤其是近 10 年来,公开发表的研究性文献的规模更是出现加速上升的趋势,这也从侧面证明了当前国内外代理模型技术的研究仍然属于热门课题。

(1)响应面模型

响应面模型(response surface method,RSM)也称为多项式回归,是研究最早、最深入、应用最广泛的代理模型,是在试验设计的基础上,建立设计变量与目标值(响应)之间的多项式函数关系的一种方法,其中应用最为广泛的是二阶多项式回归模型。它最早由 Box 和 Wilson 于 1951 年提出,应用于物理实验结果的拟合,20 世纪 90 年代开始在结构优化领域得到推广。在用于工程优化时,响应面模型采用多项式来替代复杂精确的仿真模型,其优点是模型简单、构造容易、具有显示表达式、优化时收敛速度快,该模型适合所有的尤其是需要计算梯度信息的优化算法求解。响应面模型在工程优化领域的应用研究引起了许多学者关注。Golovidov 等在高速民航飞机的多学科设计优化中建立了飞机航程与三个阻力参数之间的响应面代理模型,获得了好的结果。Vitali 系统研究了响应面模型性能,尤其是高维度结构优化问题中的响应面性能,所采用的验证算例包含翼身融合飞机的上表面蒙皮优化以及加筋复合材料机翼结构在裂纹扩展约束下的优化,分析结果表明响应面模型能够有效地降低结构有限元分析次数。Unal 等人利用响应面代理模型方法求解了火箭推进翼身融合体航天器的布局优化问题。Knill 等利用缩减项的响应面模型来预测高速民航飞机超音速阻力的欧拉解。Rich 等重点关注响应面模型在复合材料层压板结构优化中的应用,对参数化的复合材料层压板结构进行建模并建立目标函数的响应面,通过遗传算法得到层压板结构优化的全局最优解。Renaud 等人在并行子空间优化中,采用响应面模型来替代子学科分析模型;Sobieski 等人将响应面模型嵌入多学科协同优化框架中,以逼近系统层优化约束模型。国内学者隋允康等将响应面法引入桁架结构的截面优化中，将应力和位移约束近似表达为桁架截面倒变量的线性函数，应用序列二次规划对问题进行最优求解，保证了收敛精度与稳定性。贾东升等采用响应面法与二次回归正交组合设计试验相结合，通过有限元分析对阀控型液力耦合器叶轮进行优化，结果表明叶轮整体质量降低，提高了耦合器的运行可靠性与经济效益。薛彩军等针对基于疲劳寿命的结构优化耗时过长的缺点，实现了将结构抗疲劳设计与响应面模型结合以提高设计效率。

Simpson 等人通过大量的算例研究表明，对少于 10 个设计变量的优化问题，响应面法能得到比较理想的效果，但对于多变量、强非线性的函数近似问题，逼近的效果不是很好，这也使得研究人员将研究精力投入其他更为智能且非线性近似能力更为突出的新型代理模型技术上。

从上述多项式响应面方法的相关研究可看出，多项式响应面法的主要优点是计算成本较低，而且处理数值噪声的能力较好，但该方法也存在处理复杂函数能力较差的缺陷。因此，多项式响应面法在应用过程中通常会采用完全二阶多项式函数、三阶多项式函数形式来提高近似响应模型对复杂函数的逼近程度。

（2）神经网络

人工神经网络（Artificial Neural Networks，ANN）为一种典型的智能型代理模型近似技术，它是模拟人脑生物神经系统工作的一种人工智能算法，由简单神经元按照一定方式互相连接而组成，传输信号通过这种连接在神经元之间相互作用，从而对外部输入信息作出动态响应，完成复杂功能。人工神经网络通常具有自适应好、并行计算能力和学习功能强等特点，能够通过对已知样本的学习训练，实现对系统输入输出关系的存储记忆，然后通过"联想"对未知样本进行预测。因此，采用人工神经网络可以实现系统输入输出关系的映射和模拟，从而建立基于神经网络的代理模型。神经网络在理论上能够逼近任意函数，在回归方面应用最多的是反馈神经网络，但网络结构对回归性能的影响大，要求样本数目大，有"过学习"现象等缺陷。将人工神经网络特别是反馈神经网络的近似功能推广于结构优化设计问题中始于 20 世纪 90 年代初，Adeli 等最先将人工神经网络模型用于结构工程设计领域，为结构设计和分析提供了一种崭新的智能方法。

采用神经网络来构造响应面的主要优点：用神经网络逼近未知函数不需要预先确定近似函数形式，因而具有较好的适应能力；神经网络具有大规模并行处理、容错性、自组织性、自适应能力和联想功能强等特点，而且作为一种近似技术已在结构优化设计中获得了应用；神经网络能近似表达含有连续和离散设计变量的系统分析模型。神经网络具有非线性的本质特征，而复杂工程优化设计问题大多是非线性的，因此合理的神经网络响应面一般比多项式拟合响应面具有更高的预估精度。

同一时期类似研究工作还包括 Berke 等人于 1993 年将神经网络模型用于土木及航空工程结构构件的优化设计，这些工作有力地促进了神经网络在结构优化设计应用中的发展。此后，Adeli 和 Park 提出了一个求解结构优化问题的神经动力学模型，它将结构优化设计问题与罚函数法、Lyapunov 稳定理论、K-T 条件及神经动力学概念相结合，使用外点罚函数，将优化目标函数表示为 Lyapunov 能量函数的形式，并将所提方法成功应用于多层平面钢框架的最优塑性设计中。Bisagni 等采用人工神经网络与遗传算法结合方法，对复合材料加筋板的后屈曲性能进行优化，使原结构减重 18% 且后屈曲性能提高，证明了其所提方法的实用性。Alonso 等在某种通用型超音速飞机构型设计中，对于所建立的多目标结构优化问题，主要研究了人工神经网络技术的应用。国内学者李烁和徐元铭等针对复合材料加筋结构优化设计的复杂性，提出利用人工神经网络结构近似分析响应面来反映结构设计输入与结构响应输出的全局映射关系的优化方法。用正交试验设计的方法选择样本点构建神经网络响应面，将神经网络响应面作为优化的目标函数或约束条件，加上其他常规约束条件建立优化模型，应用遗传算法进行优化，形成了一套适用于复杂结构设计的高效优化方法。王伟等的研究中以 Patran 为平台进行机翼的参数化建模，证明了将参数化建模与神经网络功能结合进行结构优化时，能更好地发挥神经网络的映射功能，使优化结果更加精确且高效。除此之外，已有的研究也已经表明人工神经网络不但在工程结构的优化中得到广泛研究，还大量应用于结构损伤检测、结构控制以及结构材料与本构关系的表征中。

（3）径向基函数

径向基函数（Radial Basis Function，RBF）代理模型是以径向函数为基函数，通过线性加权构造出来的模型。径向函数是以待测点与样本点之间的欧氏距离为自变量的函数。径向基函数代理模型的灵活性好、结构简单、计算量也相对较少而且效率比较高，但模型对数值噪声比较敏感。Dyn 等人采用径向基函数进行了数值拟合，Meckesheimer 等人利用径向基函数代理模型解决了一个简单的台灯的多学科设计问题，Mc Donald 等研究了径向基函数的近似功能并将其推广于石油钻头的参数设计中，达到了总体优化目标。在汽车结构设计领域，Zhu 等利用径向基函数拟合汽车侧面碰撞过程中假人的损伤响应，实现车门内板减重 12.6%。Fang 等利用大量二维测试函数和汽车侧面碰撞与车顶压溃结构耐撞性响应对比分析了不同基函数的预测能力，得到结论：径向基函数能很好地拟合非线性程度较低的响应，但对于拟合强非线性响应时预测能力较差，并指出 R^2（复相关系数）不适用于评估径向基函数近似模型的拟合精度。Goel 等利用整车正面碰撞、膝盖与内饰板撞击以及假人头部冲击 A 柱内饰件等结构耐撞性问题，对高斯径向基函数的拓扑形式进行了研究，以最优化径向基神经网络的参数。研究表明，采用最小化广义均方差来优化径向基函数的拓扑形式所得到的近似模型的预测性能最佳，且其对试验设计的选取、采样密度和优化问题非线性程度特性等方面的依赖性更少。此外，Mullur 等也研究了另一种改进的径向基函数建模方法，通过在每个样本点上构造双径向基函数来提高近似精度，且近似灵活性也大大增强。国内研究者杨华等通过引入等参元形函数的几何变换思想，利用径向基函数，解决了复杂形状机翼的二维气动代理模型的构造问题，进行了某巡航导弹弹翼考虑结构变形的气动力代理模型的构建。杨剑秋等将径向基函数近似代理模型用于发动机空心风扇叶片结构多目标优化设计问题中，获得 Pareto 最优解。尽管如此，相对于人工神经网络技术而言，径向基函数作为近似代理模型的研究仍然不够深入，文献数量也较少。

（4）Kriging 模型

Kriging（克立金）法最初源于南非的地质学家 Krige 寻找金矿的一种插值方法，经过法国著名统计学家 Matheron 的理论化和系统化，形成了这种为地理统计学奠定基石的最优估计方法。该方法的基本思想是利用已有观测样本数据的加权平均值对未知点的输出响应值进行估计，其中权值的选择标准是使估计方差最小，从而使该方法对未知点输出响应值的估计是一种最优线性无偏估计。

Kriging 法的种类主要包括普通 Kriging 法、简单 Kriging 法、通用 Kriging 法、协同 Kriging 法和对数态 Kriging 法等，普通 Kriging 法是随机过程均值为常数的单变量线性无偏最优估计方法；简单 Kriging 法假设空间过程的均值已知且依赖于空间位置，但在实际中一般很难得到设计空间过程的均值，因此该方法很少直接用于估计；通用 Kriging 法在预报估计中引入一个确定性趋势模型，从而将空间过程分解为趋势项和残差项两部分，但该方法需要预测残差的变异函数；协同 Kriging 法是将单个变量的普通 Kriging 法扩展到两个或多个存在一定协同空间关系的变量，适用于有多个变量存在协同区域化现象的情况；对数正态 Kriging 法是适用于样本服从对数正态分布的区域化变量的 Kriging 方法。

Kriging 方法最初主要应用于地质和矿业领域，后来应用范围逐渐扩展到环境科学、计算机试验设计、材料科学、机械工程及结构优化等领域。Kriging 模型具有使用灵活、统计性较好和非线性拟合效果好等优点，因此受到国内外学者的普遍关注和广泛研究。

Currin 等研究了基于 Kriging 模型的计算机试验设计和分析技术（Design and Analysis of Computer Experiments，DACE），将 Kriging 模型应用于确定性的计算机数据的插值近似，开启了 Kriging 在工程优化领域的广泛研究与应用。Kriging 模型实际上是一种基于随机过程的统计方法，是建立在变异函数理论分析基础上，从变量相关性和变异性出发，根据预测模型方差最小准则在有限区域内对区域化变量的取值进行无偏最优估计的一种方法。它由全局回归模型和随机相关函数叠加而成，能以已知信息的动态构造为基础充分考虑变量在空间上的相关特征，并且模型具有局部和全局的统计特性，使其可以分析已知信息的趋势和动态，这些特征使 Kriging 模型在解决非线性程度较高的问题时能够取得理想的拟合效果。Giuntaz 在其博士论文中对于将 Kriging 模型应用到飞行器多学科优化设计框架中作了初步探索，并进行了一系列的后续补充研究，目前 Kriging 模型也已经成为多学科设计优化中比较有代表性的一种代理模型近似方法。Booker 等建立基于 Kriging 模型的工程优化框架，并将其应用于直升机叶片的参数优化设计问题中，通过与其他优化方法的广泛比较，确定了 Kriging 模型在工程结构优化领域的适用性。Simpson 等以发动机喷管形状优化设计问题为研究对象，详细比较了二阶多项式响应面和 Kriging 两种代理模型的全局近似能力，结论表明所采用回归模型为常数、相关模型为高斯函数的 Kriging 插值模型比传统二阶多项式的近似精度要高，但计算效率要低。针对 Kriging 在优化过程中的每个迭代步都需要重新进行内部参数优化，对整个程序的效率有很大影响，Gano 等研究更为高效的 Kriging 建模方法，即只有当 Kriging 建模的近似效果不理想时才更新其内部相关参数，使得整体算法效率得到提升。国内学者张柱国等将 Kriging 建模与遗传算法结合，提出了一种进化的 Kriging 模型用于典型飞机加筋板结构的布局优化，减重效果明显。任庆祝等在翼型气动优化设计中引入了 Kriging 代理模型，创造了一套高效、稳定的多目标气动优化设计程序。高月华等应用 Kriging 模型对汽轮机基础进行了动力优化设计，得到了很好的优化结果，并指出与直接应用基于灵敏度的序列线性规划相比，基于 Kriging 的皆有优化方法更加有效，并且具有更强的稳定性。由于计算机仿真分析结果不包含随机误差，因此 Kriging 模型作为一种插值型代理模型，能够更精确地进行模型近似，这也使得围绕 Kriging 模型在工程结构设计与优化中的应用吸引了更多的研究者的注意力，当前仍然是研究热点。

（5）支持向量回归

支持向量机（Support Vector Machine，SVM）是由学者 Vanpik 团队的 AT&T Bell 实验室研究小组在 1963 年提出的一种新的非常有潜力的分类与回归技术，SVM 是一种基于统计学习理论的模式识别方法，主要应用于模式识别领域。由于当时这些研究尚不十分完善，在解决模式识别问题中往往趋于保守，且数学上比较艰涩难懂，因此支持向量机的研究一直没有得到充分的重视。直到 20 世纪 90 年代，统计学习理论的实现和神经网络等一些较新兴的机器学习方法在研究中遇到较大的困难，使得 SVM 迅速发展和完善，在解决小样本、非线性及高维模式识别问题中表现出许多特有的优势，并能够推广其应用到函数拟合等其他机器学习问题中。Clarke 等采用支持向量回归机作为代理模型，通过典型的工程实例与响应面、径向基函数、多变量回归和 Kriging 模型的性能进行比较，结果表明支持向量回归机代理模型的准确性和鲁棒性均优于其他四种模型；Ayestaran 等采用支持向量回归机完成了阵列天线设计；Yun 等利用支持向量机回归模型成功用于结构多目标优化中 Pareto 解的求取；Saqlain 等将支持向量回归机代理模型引入多学科优化领域，实现了考虑节流效应时运载火箭的多学科优化；Wang 等采用 smooth-支持向量机代理模型，实现了结构优化；Qazi 等研究了不同样本策略对支持向量回归机性能的影响，提出了一种新的样本策略，实现了运载火箭的优化；Wang 等采用最小二乘支持向量机，实现了钣金的结构优化。总体来说，直接利用支持向量机作为代理模型用于工程结构优化的应用研究还不是太成熟，而它在回归与近似中往往表现出良好性能，因此需要更多的深入研究。

（6）组合代理模型方法

代理模型技术在过去几十年里经历了蓬勃的发展与进步，但是学者们发现不同的单一模型适用于不同维数、阶次、非线性程度的问题，对于同一个工程问题也通常表现出不同等级的拟合性能，且没有任何一种单一模型方法可以适用于所有问题。在未能掌握输入变量与输出响应之间的关系时，为了筛选最为合适的代理模型，学者们针对某特定问题建立了多个代理模型，选择预测精度最好的模型来进行之后的预测、优化与分析。1998年，Gkmta 等人发现当面对高度非线性问题时，RSM 模型预测精度较差，Kriging 模型预测精度虽然较高，但是其建模复杂度较高、效率较低。2001年，Jin 等利用多种性能评价标准、14 个标准测试函数系统地研究和对比了 RSM、RBF、MAR 和 Kriging 四种典型代理模型的性能。在精度和鲁棒性方面，RBF 模型表现最好，MAR 模型适用于大尺度高阶非线性问题，RSM 模型更适用于有噪声的问题，而 Kriging 是插值方法，对于噪声的存在非常敏感；在建模效率方面，Kriging 模型最为耗时，RSM 模型最为省时。2013 年，Song 等对比了 RSM、RBF、Kriging 和 SVR 等多种代理模型方法对机动车高度非线性碰撞问题的优化设计，验证了这四种单一模型的有效性。通过分析各单一模型定义原理，总结工程应用经验，可得出如下结论：RSM 模型建模简单，计算效率高，适用于低阶非线性问题；RBF 模型适合于高阶非线性问题；Kriging 模型适用于高维低阶非线性问题；SVR 模型适合于高维非线性问题。但当遇到复杂的工程问题时，仅依靠经验和总结分析很难判断哪种为最优单一模型，如何在进行工程优化设计与分析之前就能确定合适的单一模型是一个值得研究的课题，且单一模型方法受试验设计影响很大，模型鲁棒性差，因此建立充分利用单一模型优势的组合代理模型很有必要。

1992 年，Perrone 和 Cooper 首次提出了组合多个神经网络的概念。1995 年，Bishop 提出组合神经网络的权重系数计算方法，为组合代理模型的构建提供了强有力的理论依据。组合代理模型是指将若干个单一模型通过权重叠加的方式组合在一起组成的模型，如何确定各组分单一模型的权重系数是组合模型的关键。理论上，在全局或局部拟合性能较好的单一模型权重系数较大，而在全局或局部拟合性能较差的单一模型的权重系数较小。近几年，组合代理模型相关理论与方法发展迅速，取得了丰硕的成果，并应用在了汽车、飞行器等复杂机械系统上，证实了使用组合代理模型可在一定程度上避免模型筛选带来的风险，对于特定问题，其建模精度与鲁棒性优于单一模型。按照权重系数的计算方法可大致将组合代理模型分为两类：平均权重组合代理模型和自适应权重组合代理模型。

（7）代理模型取样策略

代理模型取样策略是指如何设计构造代理模型所需样本点的个数以及这些点的空间分布情况。通常情况下，训练样本数目越多，分布越均匀，构建的代理模型精度就越高；然而实验证明，对低维问题，当样本点达到一定数量时，继续增加样本并不能改善代理模型的精度。如何在有限数量的样本情况下，获得满足性能的代理模型，需要对样本做合理的设计。一般说来，试验设计理论是常用的方法，如正交试验设计和拉丁超立方试验设计等。很多学者对此作了研究，R. T. Haftka 等人研究了不同试验设计方法构建的代理模型对优化问题的影响。T. H. Lee 等人提出采用最大熵理论选取样本点，构造的边界约束代理模型应用于可靠性优化。

近年来，序列自适应采样策略引起逐渐重视。R. Jin 等人比较研究了几种不同的序列采样方法，总结出序列采样方便工程设计师控制采样过程，通常比一次性采样更有效。M. Sasena 等人用贝叶斯方法自适应获得样本点；G. G. Wang 等人提出一个可继承的拉丁超立方设计自适应构建代理模型。Y. Lin 等人提出序列探索试验设计方法产生新的样本点；R. Jin 等人采用模拟退火法快速生成优化样本。

代理模型取样策略的另一个内容就是构建模型时，是离线采集样本还是在线采集样本。离线采集样本主要采用试验设计确定样本点，模型在用于优化求解前已有足够的精度，不再变更。M. H. Choueiki 等人采用 D-优化方法构造神经网络模型，得到了很好的效果。在线采集样本则是构造一个简单的代理模型，通过优化过程的多次迭代，根据每代的优化结果对代理模型进行不断修正，直到满足精度要求，这种方法通常也称为序列更新代理模型方法，相关的研究可参考文献。

（8）代理模型设计空间探索

在工程设计优化的初始阶段中，当工程设计师缺乏具体问题的先验知识时，通常倾向给予设计变量过于保守的取值范围。代理模型和设计空间探索技术可以帮助工程师去判断目标或约束是否可以被忽略、组合或者修正。而且，代理模型技术也可以缩减设计变量和其取值范围；反过来，设计变量和设计空间的缩减，可以用更少的训练样本构建准确的代理模型。

设计空间探索的研究成果很多，最早是在 1969 年，G. E. P. Box 和 N. R. Draper 提出了变量缩减技术方法，通过筛选掉次要的设计变量，用响应面去逼近函数取得了较好的效果；W. J. Welch 和 V. O. Balabanov 等人采用变量复杂度响应面模型方法实现了把设计空间缩小在可信赖的区域研究；B. A. Wujek 和 J. E. Renaud 对比了大量的移动限制策略，研究集中在如何控制函数逼近在更有"意义"的设计空间。

（9）代理模型的挑战与发展方向

①单一代理模型存在精度差、鲁棒性弱

经典的单一模型方法包括多项式响应面、径向基函数、克里金法、支持向量回归、人工神经网络等，并已被广泛应用到航空航天、地质勘探、数据处理等诸多领域。但是不少学者在工程实践中发现有的单一模型面对不同的工程问题精度较差，且对于同一工程问题，根据不同训练点用同一种方法构建的单一模型精度差异巨大，存在单一模型精度差、鲁棒性弱的问题。研究过程中还发现没有任何一种单一模型可以适用于所有工程问题。在未能掌握输入变量与输出响应之间的关系时，为了挑选出性能较好的单一模型，往往需要建立若干单一模型，根据性能评价标准挑选最好的一个。但由于不同单一模型特性存在较大差异，适用于不同非线性程度、不同维数的问题，即使筛选出的最好单一模型仍然存在精度较差的问题。综上，提高单一模型精度和鲁棒性仍是代理模型技术中亟待解决的问题。

当设计变量的维数很大时，目前常用的代理模型几乎不可行，主要原因是样本不方便选取、大数量的样本计算成本大等问题，也就是所谓的"维数灾难"问题。因此需要研究新的代理模型技术，或者将高维问题分解成低维问题，这些都需要进一步深入研究。

②柔性代理模型技术

当前构建的代理模型主要是逼近设计变量与目标性能的关系，在某些情况下，如果我们能构造出性能函数的梯度代理模型，更理想情况，假如能从性能函数的代理模型推导出代表其某些属性的代理模型，将是很有价值的。在不确定优化中，若能构造出代表标准差的代理模型也是非常有用的，这些研究成果少有文献报道。另外，如何将先验知识嵌入代理模型中，连续和离散混合变量代理模型的构建等问题有待解决。

③组合代理模型权重计算效率有待提高

根据权重系数定义方式不同，可以将组合代理模型分为平均权重和自适应权重组合代理模型。平均权重是指在整个或者局部设计空间的各单一模型的权重系数是恒定不变的，这意味着各组分单一模型在整个或者局部设计空间的任意位置的贡献都是固定的。在工程问题中，这种定义方式显然是不合理的。因此，学者们提出了根据全局或局部误差评价准则自适应地计算权重系数，提出了自适应组合代理模型。但是，现有的自适应组合代理模型权重系数计算多涉及参数寻优问题，计算效率低下。且对于模型库中的单一模型没有筛选，导致实际情况下精度很差的单一模型也参与到构建组合代理模型中，势必造成组合代理模型精度差、鲁棒性弱。基于以上原因，建立代理模型库中单一模型有效筛选准则，提出高效的自适应权重系数计算方法是组合代理模型技术中的一个发展方向。

④智能采样技术

运用智能技术，在构造代理模型需要最少的样本点是一个重要的研究方向。

⑤不确定性问题的代理模型研究

实际工程中存在大量的不确定性，如认知不确定性、变量随机不确定性等，适用于不确定性问题的代理模型少有报道。

⑥多保真度代理模型发展

前面提到的单一代理模型和组合代理模型属于单保真度代理模型，是基于单一保真度训练点构建的。对于基于单保真度代理模型的优化设计与分析，尤其是需要高保真度训练点构建的单保真度代理模型，虽然计算机计算能力有很大的进步，但仍然需要昂贵的计算成本。因此学者们提出使用多保真度模型信息来构建多保真度代理模型。通常来说，高保真度模型可以代表系统的真实响应，模型精度高，但是所需运行时间长，仅能提供少量的数据。低保真度模型可通过降维、简化物理模型、粗糙化离散单元、部分收敛等方式得到，对比高保真度模型，低保真度模型精度较差，但是所需运行时间短，可以提供充足的数据。多保真度代理模型旨在充分融合少量但精确的高保真度模型信息和充足却不够精确的低保真度模型信息，从而构建出满足精度要求又能大量减少时间成本的多保真度代理模型。

第二章　代理模型技术

第一节　代理模型技术的基本原理

在结构设计与优化领域，代理模型技术是指以数理统计理论为基础，利用已知的样本点信息，在保证一定精度的前提下，建立数学近似模型以代替原复杂结构的分析过程。利用代理模拟技术所建立的各类近似模型，与原数值分析模型相比，具有计算量小、计算周期短的特点，并且代理模型能够平滑数值计算结果，消除数值噪声。因此，不论是基于结构试验还是基于复杂仿真计算的结构分析领域，代理模型技术已经得到了广泛的研究与应用。

一般地，假设 $x = (x_1, \cdots, x_n)$ 为 n 维输入变量，y 为输出变量，对规模为 N 的训练样本数据集 $X = (x^1, x^2, \cdots, x^N)$ 而言，其对应的观测值为 $Y = (y^1, y^2, \cdots, y^N)$。假定输入变量 x 与输出响应 y 之间的函数关系可以表示为

$$y(x) = \hat{y}(x) + \varepsilon \tag{2-1}$$

其中 $y(x)$ 是未知的输出响应函数，$\hat{y}(x)$ 为不同形式的代理模型近似函数，ε 为 $\hat{y}(x)$ 对 $y(x)$ 近似的随机误差。基本的代理模型技术主要包括两部分内容，如图 2-1 所示。

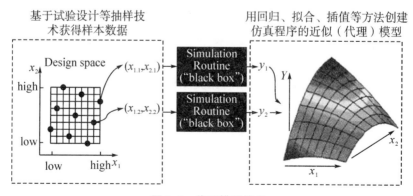

图 2-1　代理模型技术

首先，基于试验设计方法，在输入变量空间 X 中确定样本点规模及样本点位置，在利用数值仿真模型计算样本点处输出变量值 Y，得到代理模型的训练数据集；其次，利用训练数据集，训练相应的近似代理模型。归纳起来，前者属于变量空间中的试验设计，后者属于基于样本点的近似代理建模。

（1）确定设计变量，利用"试验设计"方法建立设计变量样本；

（2）利用实验测试或有限元分析等高精度的分析模型，进行数值模拟，获得输入/输出的数据；

（3）对获得的输入/输出数据，根据不同代理模型的算法进行拟合，计算相应的参数，建立其代理模型。具体的构建流程如图 2-2 所示：

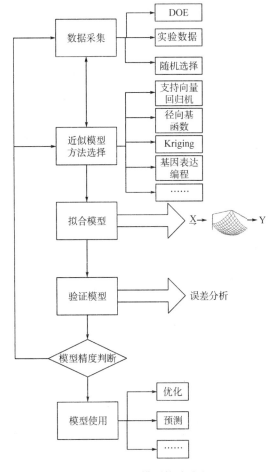

图 2-2　代理模型构建流程

第二节　试验设计方法及选择

试验设计（design of experiments，DOE）最初由英国统计学家罗纳德·艾尔默·费希尔提出，是以概率论、数理统计和线性代数等为理论基础，科学地安排试验内容及试验结果分析的一种数理统计方法。试验设计的主要目的在于对整个输入变量空间进行样本点的高效选取，使之以有限的样本点规模尽可能反映输入变量空间变化特性。随着计算机技术和基于科学计算的仿真分析技术的不断发展，试验设计的思想也由传统的合理安排物理实验逐渐延伸到为计算机进行的仿真分析提供指导。不同于物理实验结果，计算机仿真分析结果往往没有随机误差，亦即相同的输入参数经过仿真后得到相同的系统输出。因此，专门针对计算机仿真分析的试验设计方法也不同于传统物理试验设计方法。试验设计作为代理模型技术的重要一环，为代理模型提供了科学、经济的试验方案，使样本点能够按照不同的要求分布在参数设计空间中，更为有效地反映系统输入参数与输出响应之间的复杂函数关系。

20世纪20年代，英国统计学家和数学家费希尔将试验设计应用到农业实验中，这一研究被称为试验设计领域的一座丰碑。此后，试验设计得到了广泛的应用和快速的发展。20世纪四五十年代，美国学者 Metropolis 和 Ulam 提出了蒙特卡罗取样法。20世纪70年代，日本统计学家和工程管理专家田口玄一将正交试验设计方法表格化，并首先在产品的开发阶段使用了试验设计方法，有效降低了试验成本并提高了产品质量。同一时期，我国学者方开泰和王元使用数论方法提出了均匀设计，并成功缩短导弹设计周期，节省了大量的设计成本。同期，Mckay 等提出了拉丁超立方取样（Latin hypercube sampling，LHS）方法。近三十年来，在先辈的研究基础上，试验设计仍然蓬勃发展。按照抽取训练点的次数可以将试验设计分为一次性取样方法和序列取样方法。

（1）一次性取样方法

一次性取样方法也称静态取样，意为在设计空间内一次性抽取全部设训练点，而不考虑基于这些训练点所构建的代理模型精度如何。到目前为止，学者们已经提出了多种常用的一次性取样方法，如全因子试验设计、拉丁超立方试验设计、正交试验设计、均匀试验设计等。但是，一次性取样方法在实际使用过程中会造成较大的系统误差和随机误差，理论上对于不确定的工程问题，训练点均匀分布在整个设计空间中是较为合理的取样结果，即训练点应具有良好的空间填充性和投影性。空间填充性描述训练点均匀分布整个设计空间的程度，现有的空间填充准则可分为两类：①基于均匀性的空间填充准则，如 P 范数（即 L_p，P 一般为 2）差异准则，用 L_p 来衡量试验设计经验累积分布函数与均匀累积分布函数之间的差异，是一种试验设计不均匀度的衡量准则。②基于距离的空间填充准则，如极大极小距离准则、最大熵准则、泰森多边形法。目前，使用较为广泛的试验设计方法是拉丁超立方取样，但拉丁超立方取样的空间填充性、纵向相关性较差，为了进一步提高拉丁超立方取样的取样精度，学者们针对拉丁超立方取样进行了一系列的改进，提出了优化后的拉丁超立方取样，改进后算法取样精度有所提高，计算成本有所减少。

（2）序列取样方法

序列取样方法是一种动态试验设计方法，这意味着用于构建代理模型的训练点并不是一次性抽取的，而是先抽取一部分初始训练点构建初始代理模型，初步了解实际问题的部分特性，然后根据构建好的不精确的初始代理模型利用序列取样方法进一步生成新的训练点，并用所有的训练点构建最终的代理模型。序列取样的优势在于：①序列取样可以监督代理模型的预测性能，当代理模型精度足够好或者代理模型的性能不再发生明显改变时，可以终止添加训练点；②序列取样方法能够探测感兴趣区域，对于由非线性和线性部分构成的问题，如果直接使用一次性取样方法，在设计空间均匀布点，即非线性和线性部分放置同样多的训练点，势必会造成训练点的极大浪费，而序列取样方法可以从已构建的模型中学习到新知识，并逐渐细化代理模型，可节省部分时间成本。由此可知，序列取样方法是一种模型依赖的方法。从理论上讲，序列取样方法期望在复杂/非线性区域放置更多的点，而在简单/线性区域放置更少的点，即期望有效权衡局部开发和全局探索。

一次性取样方法取得了较为完善的发展，2000 年左右开始出现序列取样方法，且多围绕均方根误差、交叉验证误差和泰森多边形展开。

（3）试验设计技术面临的挑战

①取样精度与取样效率改善准则

经典的静态取样方法遵循空间填充性和投影性原则，在设计空间中一次性抽取构建代理模型所需的全部训练点。从静态取样方法原理可知，其取样过程与真实模型的响应毫无关系，也不存在从已知训练点中逐渐学习的过程。也就是说，对于具有相同设计空间但输出响应完全不同的真实模型，可能抽取到同一组训练点。因此，这种不根据真实模型特性而"因地制宜"的静态取样方法难免会造成取样精度差的问题；如果静态取样之后建立的代理模型精度无法满足要求，则需要重新进行取样，又会造成取样效率低下的问题。鉴于此，提出合理改善试验设计取样精度和取样效率的改善准则仍是一个挑战。

②权衡局部开发和全局探索方法

序列取样方法可分为模型无关和模型相关两种。经典序列取样方法包括最大化均方根误差、最大化期望改进、最大化改进概率等，均在平衡局部开发和全局探索方面存在不小的缺陷。其中，最大化均方根误差方法是一种模型无关的均匀序列取样，取样原则为在当前代理模型的最大均方根误差处添加新的训练点，不考虑真实模型的响应特性，不具备局部开发或全局探索的功能。最大化期望改进和最大化改进概率方法是模型相关的序列取样策略。事实上，这两种方法都具备一定的开发局部和探索全局的能力，但是这种能力存在相当大的不确定性，可能造成局部过度开发或者无法识别局部感兴趣区域。基于以上分析，研究局部开发和全局探索权衡方法是很有意义。

在试验设计理论中，对试验结果有影响的因素被称为试验因素，确定各因素所处的状态或所取数值大小称为水平。

①因素（factor）：是指在设计中的可控的设计参数，如在变双曲圆弧齿线圆柱齿轮设计的扭矩（T）、齿数（Z）、模数（m）、齿线半径（R）、齿宽系数（FI）等均可以称为进行试验设计时的因素。

②水平（level）：就是指①中各试验因素的具体取值。

③试验指标（response）：响应是指试验在不同因素、不同水平的影响下所表现出的结果，如在当①中的因素取不同水平时，变双曲圆弧齿线圆柱齿轮的接触强度、弯曲强度、固有频率等的结果都是所谓的试验指标或者是响应。

目前，常用的试验设计方法主要有全因子试验设计、拉丁超立方试验设计、正交试验设计、均匀试验设计与中心组合试验设计等，下面介绍部分方法的基本原理。

一、全因子试验设计

全因子试验设计各因素的不同水平间的每一种组合都将被试验，需要大量的试验次数。例如，有 n 个设计变量，每个设计变量取 r 个水平值，那么要进行的全部试验的次数为 r^n，工程优化问题中设计变量的数目大，且每个变量的水平也多，会造成试验次数太多，故在实际的试验设计中常常不选用全因子试验设计方法。但该方法的优点是能够分析多因素及其交互作用的影响，并从中筛选出主要影响因素。通常全因子试验设计一般仅用于因子个数较少且需要考察较多交互作用的场合，水平数一般是 2 水平。表 2-1 表示一个 2 因素 3 水平的全因子试验设计表格。

表 2-1　2 因素 3 水平的全因子试验表

试验次数	因素 1	因素 2
1	1	1
2	1	2
3	1	3
4	2	1
5	2	2
6	2	3
7	3	1
8	3	2
9	3	3

二、拉丁超立方试验设计

拉丁超立方抽样（Latin Hypercube Sampling，LHS）是 1979 年由 Mckay 等人创立的。拉丁超立方采样技术是一种约束随机地生成均匀样本点的试验设计和采样方法，是专门为计算机仿真试验提出的一种试验设计类型，常用于采样大型设计空间，是一种充满空间设计，采样点相对均匀地填满整个试验区间，每个因素的设计空间都被均匀划分，并且每个变量水平只使用一次。因此，拉丁超立方采样能够以较少的样本点反映整个设计空间的特性，是一种有效的样本缩减技术。拉丁超立方取样方式的主要优点就是对于产生的样本点可以确保其代表向量空间中的所有部分，而且这种取样方法有相当大的随意性，无须考虑问题的维数，样本的数目可多可少，可以是任意整数。

假设问题共有 n 个设计变量，每个设计变量有 r 个水平值，拉丁方设计表是由 n 个设计变量的 r 个水平值组成的一个 $r×n$ 矩阵。其抽样设计的步骤为：

①确定所需试验次数 r；

②将每个设计变量的水平取值区间划分为 r 组，即 r 个水平，并使得每组被取到的概率均为 $1/r$；

③在每个子区间中，以任意随机数的方式取样；

④重复①至③。

可用数学形式描述拉丁超立方的算法：

$$x_j^i = \frac{\pi_j^i + U_j^i}{r} \tag{2-2}$$

其中 r 是水平个数，n 是设计变量个数；$j \in [1, n]$，$i \in [1, r]$；U 是区间 $[0, 1]$ 上的随机数；π 是序列 $0, 1, \cdots, r-1$ 的一个排列；下标 j 是维数索引，上标 i 是水平索引。

图 2-3 显示了一个具有 2 因素 9 个采样点的拉丁方采样图。

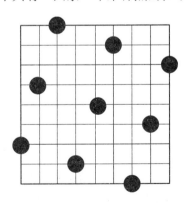

图 2-3　2 因素 9 点拉丁方采用示意

三、正交试验设计

正交试验设计由日本的学者田口玄一提出，是从"均匀分散、整齐可比"的角度出发，利用正交表来合理安排少量的试验。正交试验设计可以用最少的试验次数获得基本上能反映全面试验情况的最多信息，通过对试验结果的方差分析，可以估计各因素影响的相对权重，考察各个因素之间的相互影响。

正交表是利用组合数学理论在正交拉丁方的基础上构造的一种规格化表格，正交表是正交试验设计最基本的工具，按照正交表安排试验。一般的正交表记为 $L_k(m^n)$，k 是表的行数，也就是安排实验的次数；n 是表中的列数，表示因素的个数；m 是各因素的水平数。一个 3 因素 2 水平正交表 $L_4(2^3)$ 如表 2-2 所示。

表 2-2 $L_4(2^3)$ 正交

试验次数	因素 1	因素 2	因素 3
1	1	1	1
2	1	2	2
3	2	1	2
4	2	2	1

四、均匀试验设计

均匀试验设计由两位中国数学家方开泰和王元于 1978 年创立，与正交试验设计相比，均匀试验设计不需要顾虑试验点的整齐可比性，而只用考虑试验点在整个试验范围内均匀散布的一种试验设计方法。

均匀试验设计最重要的特点：各设计变量的每个水平只出现一次。对于设计变量数目 n，各设计变量水平数目 r 的试验，需要的试验数依次是全因子试验设计 r^n，正交试验设计 r^2，均匀试验设计 r。

因此，非常适合均匀设计的试验有：试验设计变量多、水平数多的试验，昂贵的试验、实际情况要求尽可能减少次数的试验，以及筛选设计变量或收缩试验范围进行逐步寻优的情形。

一般的均匀设计表记为 $U_k(m^n)$，k 是表的行数，也就是安排实验的次数；n 是表中的列数，表示因素的个数；m 是各因素的水平数。一个 4

因素 7 水平均匀设计表 $U_7(7^4)$ 如表 2-3 所示。

表 2-3 4 因素 7 水平均匀设计表

试验次数	因素 1	因素 2	因素 3	因素 4
1	1	2	3	6
2	2	4	6	5
3	3	6	2	4
4	4	1	5	3
5	5	3	1	2
6	6	5	4	1
7	7	7	7	7

第三节 常用代理模型

实际工程中复杂产品的实际物理模型往往非常复杂，设计变量与目标性能之间通常不具有显式的函数关系式，且表现为多参数、高维数、强非线性问题。对于这类复杂产品的优化问题，优化过程中一般都需要不断地计算目标性能，然而，要获得目标性能通常需要计算机数值仿真，可能非常耗时。为了能高效、准确地获得优化结果，一个有效的方法就是：在优化迭代过程中求取目标性能时，在不降低精度情况下采用高效的模型来替代实际模型，这类模型也就是代理模型。

代理模型构造的本质内容为函数近似或逼近，这也是数值方法研究中的一项重要内容，即基于已知训练样本数据集构造反映输入变量 x 与输出响应函数 y 之间关系的近似模型，其中拟合与插值（如 Lagrange 插值，Newton 插值和 Hermite 插值及各种级数拟合方法等）作为两类基本方法得到了深入研究，理论发展已经比较成熟。但是此两类基本数值方法作为工程结构设计领域的代理模型时，只适合对一维或低维的未知函数关系，当输入变量维数超过 3 以后，由这几种方法构造的近似函数因计算复杂度剧增或近似精度剧降而变得不甚理想。实际结构分析问题中的参数空间是多维的，且往往存在高度非线性关系，因此其他更为先进的函数近似技术得到了更多的关注与研究，常用的代理模型有响应面模型、径向基函数、神经网络模型和 Kriging 模型等，以下对它们作简单的介绍：

一、响应面模型

多项式响应面（Polynomial Response Surface，PRS）是采用代数多项式作为基函数并通过最小二乘回归来构造近似函数的一种方法，是根据已知的样本点，采用多项式函数形式来建立设计变量与目标性能（响应量）之间的数学模型，它也是所有代理模型方法中最为常用的一种近似技术。由于响应面模型具有简单的显示数学表达式，计算速度快，构建起来比较容易，因此被广泛地应用于工程优化问题中。假如所采用的多项式为二阶多项式，则构造出的代理模型就称为二阶响应面模型，二阶响应面模型可表示如下：

$$y = \beta_0 + \sum_{i=1}^{n} \beta_i x_i + \sum_{i=1}^{n} \sum_{j \geq i}^{n} \beta_{ij} x_i x_j \tag{2-3}$$

其中，n 是输入变量个数，β_0、β_i 和 β_{ij} 是未知的多项式系数，共有（$n+1$）（$n+2$）/2 个，如果要构建二阶响应面模型，就需要先求出多项式系数，可选用最小二乘法得到，方法如下：

将式（2-3）写成矩阵形式：

$$y = x\beta \tag{2-4}$$

其中，y 为已知样本点的目标值向量，β 为未知的多项式系数矩阵，x 为样本点的输入矩阵，表示如下：

$$y = \begin{bmatrix} y^{(1)} & y^{(2)} & \cdots & y^{(n)} \end{bmatrix}^T \tag{2-5}$$

$$x = \begin{bmatrix} 1 & x_1^{(1)} & x_2^{(1)} & \cdots & (x_n^{(1)})^2 \\ 1 & x_1^{(2)} & x_2^{(2)} & \cdots & (x_n^{(2)})^2 \\ \vdots & \vdots & \vdots & \ddots & \vdots \\ 1 & x_1^{(n)} & x_2^{(n)} & \cdots & (x_n^{(n)})^2 \end{bmatrix} \tag{2-6}$$

其中，$x_i^{(j)}$ 表示样本点 j 的第 i 个变量的值，最小二乘法对式（2-4）中的未知向量 β 进行估计。若矩阵 Z 的行向量之间是线性无关的，则求得估计量 $\hat{\beta}$ 如下：

$$\hat{\beta} = (x^T x)^{-1} x^T y \tag{2-7}$$

二、径向基函数模型

径向基函数（Radial Basis Function，RBF）代理模型是以径向函数作为基函数，通过对径向函数的线性加权构造出来的模型。而径向函数以未知预测点与训练样本点之间的欧氏距离为自变量的函数，径向基函数在许多领域都有广泛的应用，比如离散数据插值以及图像处理等。径向基函数代理模型是一种灵活性好，结构简单，计算量也相对较少而且效率较高的模型。

径向基函数模型最大的特点：通过欧氏距离，可以把一个多维问题转化为以欧氏距离为自变量的一维问题。

径向基函数模型数学表达式为

$$y = \sum_i^n w_i \varphi(\| x - x_i \|) \tag{2-8}$$

其中，$\| x - x_i \|$ 是未知预测点 x 和训练样本点 x_i 之间的欧氏距离，$\varphi(x)$ 是径向基函数，w_i 是系数。

常用的径向函数有：

多二次函数（Multiquadrics）：$\varphi(x) = (x^2 + c)^{\frac{1}{2}}$，$c > 0$

逆多二次函数（Reciprocal Multiquadrics）：$\varphi(x) = (x^2 + c)^{-\frac{1}{2}}$，$c > 0$

高斯函数（Gaussian）：$\varphi(x) = \exp[-a^2 x^2]$

簿板样条函数（Thin-Plate Spline）：$\varphi(x) = x^2 \lg(x)$

径向基函数代理模型的性能与所采用的径向函数有关。当径向函数采用高斯函数或逆多二次函数时，径向基函数模型更适合回归局部逼近；而采用多二次函数作为径向函数时，在逼近全局优化问题时性能更好。

三、神经网络模型

人工神经网络（Artificial Neural Networks，ANN）是在现代神经生物学和认识科学对人类信息处理研究的基础上提出来的，它通过模拟人脑神经元网络的结构和特征来实现各种复杂信息的处理功能。人工神经网络是由大量功能简单的神经元按照各种不同的拓扑结构相互连接而形成的复杂网络系统，它具有很强的自适用学习功能、非线性映射能力、鲁棒性和容错能力，因此在很多研究领域已经得到了广泛应用。

神经网络模型是将多个神经元按照一定的规则连接在一起构成的网络

模型。自 20 世纪 80 年代末期以来，神经网络的研究和应用越来越受到重视，现已成为研究大规模、非线性复杂系统建模和优化的一种有效方法。目前已有数十种类型的神经网络，按连接方式的不同，可分为前向网络、反馈网络和自组织网络。在工程优化中最常用的网络类型就是反馈神经网络（Back Propagation NN，BPNN），BPNN 在理论上可以在任意精度内逼近一个连续函数，正是这一优点使其在代理模型中得到广泛应用。

BPNN 的结构一般包括输入层、隐层和输出层三层，同层神经元之间互不连接，网络结构如图 2-4 所示。

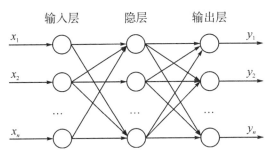

图 2-4　BPNN 结构示意

BPNN 可以看成一个训练样本的输入到响应的高度非线性映射模型，学习过程是通过不断调节权值，使神经网络的实际输出不断逼近期望的输出，由正向传播和反向传播组成，其算法模型表示如下：

$$\begin{cases} y_i = f(\sum w_{ij} x_i + \theta) \\ f(x) = 1/(1 + \exp(-x)) \\ w_{ij}(t+1) = w_{ij}(t) + \eta\, \delta_j\, y_j \\ \delta = \begin{cases} y_j(1 - y_j)(T - y_j), & \text{当 } j \text{ 为输出节点} \\ y_j(1 - y_j) \sum \delta_k\, w_{jk}, & \text{当 } j \text{ 为隐节点} \end{cases} \end{cases} \tag{2-9}$$

式中，x_i 为神经元输入；y_i 为神经元实际输出；θ 为神经元阈值；w_{ij} 为神经元 i 与 j 的连接权；η 为学习率；T 为期望输出。

BPNN 模型也有它的弱点，存在模型结构选取无理论指导、训练速度慢、高维曲面上局部极值点的逃离、算法可能出现不收敛等问题，尤其是后两个问题，可能导致构建的模型无法使用。但是，其 BPNN 代理模型有效性和广泛的适应性使其在工程优化的应用范围仍得到了较大的扩展。

四、Kriging 模型

Kriging 模型由南非地质学者 Krige 和法国学者 Matheron 提出的，最先是根据已有的统计数据来预测矿产储量分布的模型，该模型采用基于随机过程的统计方法，按照预测模型的方差最小准则而构建的。模型具有局部估计能力，特别在处理强非线性问题时仍能获得较理想的预测效果。近年来，Kriging 模型作为一种代理模型逐渐拓宽了它的应用范围，尤其在工程优化领域更是得到了广泛应用，已经嵌入到一些优化软件中。

Kriging 模型将输入变量与相应值之间的关系表示为如下形式：

$$y(x) = F(\beta, x) + z(x) = f(x)\beta + z(x) \tag{2-10}$$

其中，$f(x)$ 是一个确定性部分，全局地逼近输入空间，一般采用多项式形式；β 是回归系数；$z(x)$ 为一个平稳的高斯过程，用来产生局部的偏差，具有如下统计特性：

$$E[z(x)] = 0 \quad Var[z(x)] = \sigma^2 \quad Cov[z(x^{(i)}), z(x^{(j)})] = \sigma^2 R[R(x^{(i)}, x^{(j)})] \tag{2-11}$$

其中，R 为相关矩阵；$R(x^{(i)}, x^{(j)})$ 是所有训练样本点中任意两个样本点 $x^{(i)}$ 与 $x^{(j)}$ 的变异函数。工程应用中，高斯函数被广泛采用作为变异函数，其数学表达式如下：

$$R(x^{(i)}, x^{(j)}) = \exp\left[-\sum_{k=1}^{n} \lambda_k |x_k^{(i)} - x_k^{(j)}|^2\right] \tag{2-12}$$

其中，λ_k 是相关性参数，用于协调变异函数在计算中的灵活性；$x_k^{(i)}$ 是 $x^{(i)}$ 在第 k 个方向上的坐标。

根据 Kriging 模型满足的无偏最优估计，可以获得在未知预测点 x 处的响应值：

$$\hat{y}(x) = \hat{\beta} + [R(x, x^{(1)}), R(x, x^{(2)}), \cdots, R(x, x^{(n)})]\widehat{^{-1}} \tag{2-13}$$

其中，$\hat{\beta} = (F^T R F)^{-1} F^T R^{-1} Y$ 是 Kriging 模型多项式系数的估计；Y 为 n 个样本点的响应，以向量表示。

标准差估计值为如下形式：

$$\hat{\sigma}^2 = \frac{1}{n}(Y - F\hat{\beta})^T R^{-1}(Y - F\hat{\beta}) \tag{2-14}$$

利用极大似然估计法，对参数 λ_k 的最大估计为

$$\max\left(-\frac{n\ln\hat{\sigma}^2 + \ln|R|}{2}\right) \tag{2-15}$$

相比于其他代理模型，Kriging 模型主要优点：①不是根据所有样本信息对未知点进行预测，而是采用局部样本点的某些信息预测附近未知点，具有局部特性；②它可以根据所有样本点信息分析出未知点的趋势和动态，具有全局的统计特性。但是，Kriging 模型计算效率低，特别在对 λ_k 的寻优过程中会耗费大量的计算时间，对多维问题显得尤为突出。因此，构造 Kriging 模型时所用的时间要远远大于其他代理模型，这使得它应用于大型复杂工程问题的优化时将会花费更高的计算成本。另外，对于小样本情况，计算相关矩阵的信息量不足，会使得 Kriging 模型的预测效果不理想。

五、支持向量回归

支持向量机（Support Vector Machine，SVM）理论源于 Vapnik 提出的用于解决模式识别问题的支持向量方法，是一种以统计学理论为基础，以结构风险最小化的学习机学习方法。自出现以来，SVM 已经展现出了自己独特的分类与回归潜力。尤其是随着其网络结构、过学习与欠学习、局部极小点等问题的解决，SVM 迅速发展并不断完善，在解决小样本回归、非线性及高维模式识别问题中表现出许多独特优势，并逐步被推广于未知函数拟合与逼近等其他机器学习问题中。

支持向量机最初由数据分类问题的研究中发展而来。数据分类问题可简单描述为：假设给定 n 个样本点，我们要把这些点正确分类，传统的分类方法（包括神经网络等）是系统随机产生一个分类超平面，通过移动超平面直到样本点中属于不同类的点正好位于超平面的不同侧面，这种处理方法决定了最终得到的超平面将非常靠近训练集中的点，在大多数情况下，它并不是最优超平面，推广能力差。支持向量机的思路：既要找到一个满足分类要求的超平面，同时也使样本点离超平面尽可能远。例如：图 2-5 所示的二维情况，"○"型点和"×"型点分别代表两类点，采用分类线方程 $\omega \cdot x + b = 0$ 把这些点分成两类，我们既要求分类线 H 不但能将两类样本点正确分开，而且也要使 H_1 和 H_2 之间的间隔最大。前者是要保证经验风险最小，后者是使置信范围最小，从而使实际风险最小。

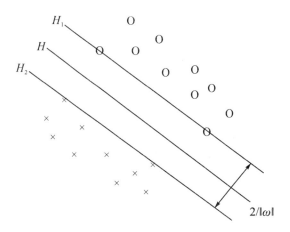

图 2-5　最优分类超平面

将分类线方程归一化，满足以下约束条件，必能对所有样本进行正确分类：

$$y_i(\omega \cdot x_i + b) \geqslant 1, \ i = 1, \ 2, \ \cdots, \ n \qquad (2\text{-}16)$$

而且 H_1 和 H_2 之间的间隔等于 $2/\|\omega\|$，因此，满足式（2-16）且使 $\|\omega\|$ 最小的分类面就是最优分类线，其数学描述为

$$\begin{cases} \min \quad \dfrac{1}{2}\|\omega\|^2 \\ s.t \quad y_i(\omega \cdot x_i + b) \geqslant 1, \ i = 1, \ 2, \ \cdots, \ n \end{cases} \qquad (2\text{-}17)$$

由于 H_1 和 H_2 上的训练样本点支持了最优分类线，称作支持向量。

虽然支持向量机是解决分类问题提出的，但它同样可以用来处理回归问题。当应用于回归问题时，称为支持向量回归。

支持向量回归采用的损失函数不是指数函数，而是一种新的损失函数——ε 不敏感函数，表示如下：

$$L(y - f(x, \ \alpha)) = L(\ |y - f(x, \ \alpha)\ |_\varepsilon) \qquad (2\text{-}18)$$

其中：

$$|y - f(x, \ \alpha)|_\varepsilon = \begin{cases} |y - f(x)| - \varepsilon, & |y - f(x)| \geqslant \varepsilon, \\ 0, & \text{其他} \end{cases} \qquad (2\text{-}19)$$

ε 表示预测值与真值之间的差，其值越小意味着损失越小。

假定已知 n 个训练样本 $\{(x_1, \ y_1), \ (x_2, \ y_2)\cdots, \ (x_n, \ y_n)\}$，$x_i$，$y_i \in R$，我们采用如下的线性回归函数进行拟合：

$$f(x) = \omega \cdot x + b \tag{2-20}$$

为使拟合效果好，假设所有训练样本点都可以在精度 ε 下线性拟合，那么，回归估计函数就等价于寻找最小的 $\| \omega \|$ 问题，可表示为如下凸优化问题：

$$\begin{cases} \min \quad \dfrac{1}{2} \| \omega \|^2 \\ \\ \text{S. T.} \quad \begin{cases} \omega \cdot x_i + b - y_i \leqslant \varepsilon \\ y_i - \omega \cdot x_i - b \leqslant \varepsilon \end{cases} \end{cases} \tag{2-21}$$

考虑允许的拟合误差，引入非负松弛因子 ξ_i，ξ_i^*。这样函数的拟合问题转化为如下的优化问题：

$$\min \quad \frac{1}{2} \| \omega \|^2 + C \sum_{i=1}^{n} (\xi_i + \xi_i^*) \tag{2-22}$$

$$\text{S. T.} \quad y_i - \omega \cdot x_i - b \leqslant \varepsilon + \xi_i$$

$$\omega \cdot x_i + b - y_i \leqslant \varepsilon + \xi_i^*$$

$$\xi_i,\ \xi_i^* \geqslant 0,\quad i = 1,\ 2,\ \cdots,\ n \tag{2-23}$$

常数 $C > 0$ 用来平衡回归函数的平坦程度与偏差大于 ε 的训练样本个数。利用 Lagrange 乘子法，式（2-22）、式（2-23）的对偶规划问题为

$$\max \quad \begin{cases} W(\alpha,\ \alpha^*) = -\dfrac{1}{2} \sum_{i,\,j=1}^{n} (\alpha_i - \alpha_i^*)(\alpha_j - \alpha_j^*) \langle x_i,\ x_j \rangle + \\ \\ \sum_{i=1}^{n} (\alpha_i - \alpha_i^*) y_i - \sum_{i=1}^{n} (\alpha_i + \alpha_i^*) \varepsilon \end{cases}$$

$$\text{S. T.} \quad \begin{cases} \sum_{i=1}^{n} (\alpha_i - \alpha_i^*) = 0 \\ 0 \leqslant \alpha_i,\ \alpha_i^* \leqslant C,\quad i = 1,\ 2,\ \cdots,\ n \end{cases} \tag{2-24}$$

由式（2-24）可得到支持向量回归线性拟合函数为

$$f(x) = \omega \cdot x + b = \sum_{i=1}^{n} (\alpha_i - \alpha_i^*) \langle x,\ x_i \rangle + b \tag{2-25}$$

对于训练样本不能线性拟合情况，需采用非线性拟合，解决思路是：先使用非线性变换把训练数据映射到高维特征空间，然后按前面的方法在高维特征空间进行线性拟合，可获得在原空间非线性拟合的效果。根据泛函理论，映射到高维特征空间的内积运算等价于原低维空间的一个核函数 $K(x,\ x')$ 代换，因此，得到支持向量回归非线性拟合函数为

$$f(x) = \sum_{i=1}^{n} (\alpha_i - \alpha_i^*) K(x, x') + b \qquad (2-26)$$

核函数的种类多，不同的核函数对支持向量回归的回归性能有较大的影响，选取需要一定的先验知识，目前还没有一般性的结论。常用的核函数如下：

（1）线性核函数：$K(x, x') = x \cdot x'$

（2）多项式核函数：$K(x, x') = (x \cdot x' + c)^d$, $d \in N$, $c \geq 0$

（3）高斯径向基核函数：$K(x, x') = \exp(-\dfrac{\| x - x' \|^2}{2\sigma^2})$

（4）Sigmoid 核函数：$K(x, x') = \tanh(v(x \cdot x') + c)$

（5）样条核函数：$K(x, x') = 1 + x \cdot x' + \dfrac{1}{2}(x \cdot x')\min(x, x') - \dfrac{1}{6}\min(x, x')^3$

在实际应用中进行向量回归机建模时，最优模型的选择是非常关键，模型的好坏直接影响着预测值的计算精度。在模型的优化过程中，先根据训练样本数据的数量、维数，初步确定支持向量回归机模型三个参数的取值范围，然后采用遗传算法对参数进行优化，获得最优的参数组合。利用随机生成的测试样本对该模型进行验证，若模型的回归性能不能达到要求，则随机增加训练样本，重新构建和优化支持向量回归机模型，直至达到要求的精度为止。利用该支持向量回归机模型就可以快速预测辐射缝在任意结构参数情况下的电性能值。

具有参数自适应优化的支持向量回归代理模型构建步骤：

步骤 1：对建模对象作初步分析，确定影响性能的主要因素及各参数的取值范围。

步骤 2：确定试验设计方案。对计算机仿真数据进行回归分析，一般选用拉丁超立方或全因子试验抽样方法安排试验点，试验点应有代表性，且均匀分布，以尽可能少的试验点获得更好的回归性能。

步骤 3：根据试验设计安排，采用实验方式或通过构建数值仿真模型计算，获得建模对象的性能值。

步骤 4：对试验结果进行归一化处理。尤其是对输入参数和对应的性能值进行归一化预处理。归一化处理是指各参数的变化范围有所差异，为统一处理方便而进行的线性变换。设第 i 个结构参数 z_i 的实际变化范围是 $[z_{\min}, z_{\max}]$，归一化方法为 $x_i = \dfrac{z_i - z_{\min}}{z\min_{\max}}$，同理对性能 y_i 也作归一化处理。归一化后的值 x_i，$y_i \in [0, 1]$ 组成支持向量回归机的训练样本 $D = \{(x_i, y_i) \mid i = 1, 2, \cdots, l\}$。其中 $x_i \in R^n$ 为 n 维输入参数，$y_i \in R$ 为性能。获得支持向量回归机模型的训练样本数据。

步骤 5：在输入参数范围内产生一组随机数，按步骤 3、步骤 4 的方法，获得支持向量回归机的测试样本。

步骤 6：选择支持向量回归机模型的核函数，设定初始的支持向量回归机模型参数值，用训练样本数据对支持向量回归机进行训练，获得初始的支持向量回归机模型。

步骤 7：验证支持向量回归机模型的有效性性能。采用三个指标来衡量支持向量回归机模型性能的准确性，一个指标是最小均方误差（RMSE），用来衡量模型的全局性能；一个指标是相对最大绝对误差（RMAE），用来衡量模型的局部性能；再一个指标是样本决定系数 R^2，用来衡量模型的全局性能；对于一个好性能的支持向量回归机模型而言，RMSE 和 RMAE 都是越小越好。

步骤 8：选用合适的优化方法（如遗传算法等），对支持向量回归机模型的参数进行优化。获取最优的参数组合，使得支持向量回归机预测值与测试样本真值之间的 RMSE 和 RMAE 最小。

步骤 9：若支持向量回归机模型性能不满足要求，则采用增加训练样本数量的方法，转向步骤 3。更新支持向量回归机模型和优化模型参数，整个过程自动执行，直至获得理想的代理模型。

整个模型构建流程图如图 2-6 所示。

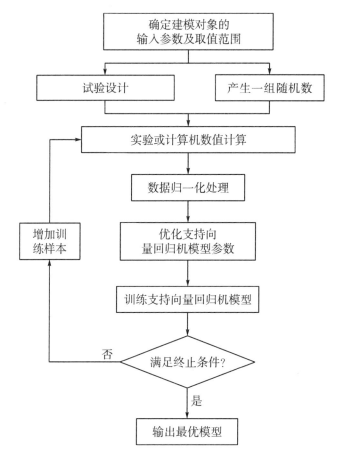

图 2-6　支持向量回归模型构建流程

六、基因表达编程

基因表达编程（Gene Expression Programming，GEP）由 Ferreira 提出，该算法综合了遗传算法和遗传编程两种智能算法，继承了两者的优点并克服两种算法的不足。Ferreira 提出 GEP 算法在求解过程中不依赖于先验知识和问题的具体领域，对问题的种类有很强的鲁棒性，因此被广泛地应用于数据挖掘、参数优化等领域。

Ferreira 提出 GEP 算法基于遗传算法和遗传编程两种智能算法，并继承了两者的优点并克服两种算法的不足，其算法的实现流程和遗传算法有很多相似之处。

（1）基因表达形式

GEP 算法以染色体组成的种群为对象，染色体由若干个基因组成，基因表达式编程表数学达式通常用表达式树来描述，基因型用 K-EXPRESSION 描述，以文献中的表达式来具体说明。

已知表达式为：$\sqrt{(a+b)*(c/d)}+\cos((a/b)*(c+2.5))$，那么其表达式树和 K-EXPRESSS 的表现形式为图 2-7：

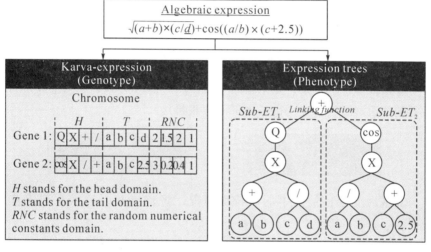

图 2-7 GEP 表达的表达式树和 K-EXPRESSION

从图 2-7 中可以看出，基因主要收三个部分组成 H，T，RNC，H 表示函数集（操作数），T 为终点集（变量、常数等）。基因的头部由函数集（H）和终点集（T）中的元素共同组成，而尾部只含有终点集中的元素，头部的长度 h 与问题的复杂程度相关，若函数集最大操作数为 n，则基因尾部长度为 $e = h \times (n - 1) + 1$。

（2）GEP 基本操作

GEP 基本操作主要有 9 类（选择、变异、倒串、插串、根插串、基因变换、单点重组、两点重组、基因重组）。

①选择：通过算法选择适应度最好的作为下一代。

②变异：将染色体某一位进行变异。

③倒串：确定染色体某基因头部中的起点和终点，将起点到终点的顺序变换为终点到起点的顺序。

④插串：选择染色体某基因片段，然后插入头部中非首位指定位置，插入位后的往后顺延（超过头部长度部分被截断）。

⑤根插串：选择染色体某基因片段，然后插入头部中首位位置，插入位后的往后顺延（超过头部长度部分被截断）。

⑥基因变换：是插串的一特殊情况，将整体基因插入头部中首位位置。

⑦单点重组：确定两染色体基因的起点，将起点之后的基因片段进行重组（交换）。

⑧两点重组：确定两染色体基因的起点和终点，将起点和终点之间的基因片段进行重组（交换）。

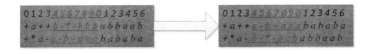

⑨基因重组：确定染色体的某整段基因，对应整段基因进行重组（交换）。

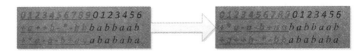

（3）标准 GEP 算法流程（见图 2-8）

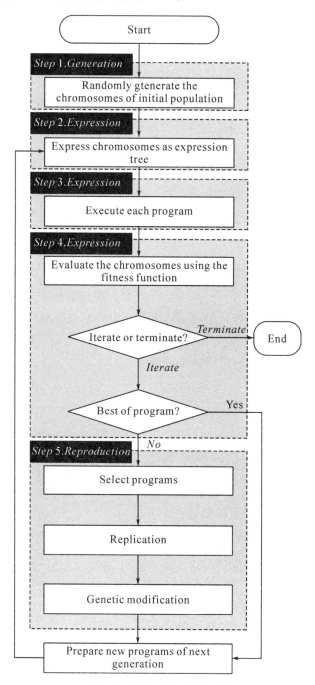

图 2-8　标准 GEP 算法流程

第四节　代理模型精度评价

代理模型的优势在于可以用有限的样本点近似表示复杂系统的隐式函数关系，其最大缺陷在于这种近似关系是建立在拟合或插值等数值方法之上，并不能够完整地体现研究目标的函数特征。因此，所建代理模型的逼近精度也同样至关重要。目前，验证代理模型的精度是建立在统计学基础之上，即当代理模型构建完成之后，取 testN 组测试样本点通过方差分析等统计学手段来验证模型的精度，以保证模型的有效性，经过验证后的模型才可以用来替代实际模型进行近似计算，一般有如下几种评估方法：

1. 均方根误差（Root Mean Square Error，RMSE）检验

$$\text{RMSE} = \sqrt{\frac{\sum_{i=1}^{n}(f_i - \hat{f}_i)^2}{n}} \tag{2-27}$$

其中，n 是测试样本点数目；f_i 是第 i 个测试样本点处实际模型的真值；$\hat{f}_i$ 是第 i 个测试样本点处代理模型的预测值。RMSE 衡量了代理模型的全局误差，RMSE 越小，则代理模型的精度越高。

2. 样本决定系数 R^2（RSquare）

样本决定系数的定义如下：

$$R^2 = 1 - \frac{\sum_{i=1}^{n}(f_i - \hat{f}_i)^2}{\sum_{i=1}^{n}(f_i - \bar{f})^2} \tag{2-28}$$

R^2 也是衡量代理模型的全局误差，其取值在 ［0，1］ 内，越接近于 1，表明代理模型全局逼近的效果越好。

3. 相对最大绝对误差（Relative Maximum Absolute Error，RMAE）

相对最大绝对误差的定义如下：

$$\text{RMAE} = \frac{\max\{|f_1 - \hat{f}_1|,\ |f_2 - \hat{f}_2|,\ \cdots,\ |f_n - \hat{f}_n|\}}{\sqrt{\frac{1}{n}\sum_{i=1}^{n}(f_i - \bar{f})^2}} \tag{2-29}$$

相对最大绝对误差衡量代理模型的局部误差，其值越小，表明代理模型的精度越高。

一般说来，代理模型精度评价需要采用以上三种方法综合确定。

第五节 各种代理模型的特点

在本章第三节对 6 种代理模型的性能进行全面比较的基础上，本节对它们的特点进行了归纳汇总，如表 2-4 所示，并进一步总结了 6 种代理模型各自的优缺点和适用范围。

表 2-4 常用代理模型性能对比

代理模型	预测精度		鲁棒性		透明度	计算效率	
	小样本	大样本	小样本	大样本		构建	预测
PRS	低	较低	低	低	高	高	高
RBF	较高	较高	较高	高	较低	高	高
BPNN	低	较高	低	较低	低	较低	较低
Kriging	较低	高	较低	高	较低	高	高
SVR	高	高	较高	高	低	较高	较高
GEP	高	较低	高	低	高	低	高

响应面模型：构建简单、操作方便、计算量小、透明度高，能提供直观显式的函数表达式，且其多项式平滑特性能加速优化问题的收敛。比较适合于简单线性问题的近似，对于高度非线性问题，其预测精度和鲁棒性很差。

径向基函数模型：构建简单、计算量小，但透明度低，无法提供设计变量和观测响应之间的灵敏度信息。在样本点比较少的情况下，其预测精度和鲁棒性水平比较适中；当样本点变得比较充足时，其预测精度和鲁棒性大幅度提高，能精确逼近高度非线性问题。

BP 神经网络模型：构建比较复杂、计算量大、透明度低，无法提供直观显式的函数表达式。在样本点比较少的情况下，其预测精度和鲁棒性低；当样本点变得比较充足时，其预测精度和鲁棒性大幅度提高，理论上能精确逼近任意非线性问题。

Kriging 模型：构建比较复杂、计算量大、透明度低，无法提供直观显式的函数表达式。在样本点比较少的情况下，其预测精度和鲁棒性较低；

当样本点变得比较充足时，其预测精度和鲁棒性大幅度提高，能精确逼近高度非线性问题。

支持向量回归模型：构建比较复杂、计算量大、透明度低，无法提供直观显式的函数表达式，无法提供设计变量和观测响应之间的灵敏度信息。在样本点比较少的情况下，其预测精度和鲁棒性高，且其预测精度和鲁棒性与样本规模大小影响不大，非常适合于处理小样本、高维非线性条件下的近似问题，但其参数选取对模型精度有影响。

基因表达编程模型：构建比较复杂、计算量大，但透明度高，能提供直观简洁的显式函数表达式。在样本点比较少的情况下，其预测精度和鲁棒性高，且其预测精度和鲁棒性基本上不受样本规模变化的影响，非常适合处理小样本条件下的近似逼近问题。

第六节　组合代理模型

在复杂工程问题中具体运用代理模型技术时，由于各种代理模型都有其优缺点，准确判断哪一类型的代理模型最符合具体工程问题是非常困难的，怎么选择合适的代理模型是一个困难问题。鉴于此，组合代理模型技术应运而生，组合代理模型即针对具体问题选择不同种类的代理模型进行组合。和单一代理模型相比，组合代理模型直接对代理模型候选集进行加权组合，大量节约了在筛选代理模型上的时间，而且相关文献表明组合代理模型能够提高代理模型的预测精度和鲁棒性。

针对特定工程问题难以选择哪种类型的代理模型进行匹配这一问题，出现了一种将不同种类代理模型进行组合的代理模型构建方法，其能较好利用不同种类代理模型的优点，而且解决了对于具体的工程实例如何选择合适的代理模型这一问题。组合代理模型表达式为

$$\hat{y}_e(x) = \sum^N \lambda_i \hat{y}_i(x) \sum_{i=1}^N \lambda_i = 1 \qquad (2\text{-}30)$$

式中，$\hat{y}_e$ 为组合代理模型对应样本点的预测响应值，N 为单一代理模型的个数，λ_i 和 $\hat{y}_i(x)$ 为第 i 个代理模型的权系数和预测响应值。一般而言，预测精度越高，对应单一代理模型的权系数越大，目前使用最广的组合代理模型预测精度评价指标是预测平方和（Predicted Error Sum of Square,

PRESS），其值可以使用 CV 交叉验证计算，从而不用重新取样作为预测点，节约计算成本，CV 交叉验证又分为留一法（LOO）和 k 折法。

留一法 PRESS 值的具体计算为：当数据库中有 N 个样本点时，除了第 i 个点，其他所有样本点均用来构建代理模型，而第 i 个点当作代理模型的预测点，样本点 i 对应的预测误差为

$$e_i = y_i - \hat{y}_{-i} \tag{2-31}$$

上式中，y_i 为第 i 个样本点对应的真实模型响应值，$\hat{y}_{-i}$ 为除去自身外所有样本点构成的代理模型中自身的预测响应值。预测平方和为所有样本点预测误差的总和，即：

$$\text{PRESS} = \sum_{i=1}^{N} e_i^2 \tag{2-32}$$

组合代理模型构建方法使用最广的三种方法中，最经典的一种便是以 PRESS 值作为权系数计算的衡量指标。若某代理模型的 PRESS 值越大，则其权系数越小，又称为反比例平均化法，其权系数计算公式为

$$\lambda_i = \frac{\dfrac{1}{P_i}}{\displaystyle\sum_{j=1}^{N} \dfrac{1}{P_j}} \tag{2-33}$$

式中，P_i 为第 i 个样本点处的 PRESS 值。

目前组合代理模型的研究取得了一定的进展，但是依旧存在一系列的问题，比如：选择什么类型的代理模型作为模型候选集，以什么形式有效组合不同种类代理模型；另外，目前组合代理模型的采样多为静态采样，需要的计算量仍然偏大，很少有加点策略与组合代理模型组合起来构建自适应组合代理模型的研究，将加点策略与组合代理模型相结合也是一种代理模型技术的发展趋势。

第七节　应用实例：变双曲圆弧齿线圆柱齿轮代理模型

以国产减速器的一对齿轮为研究对象，将其斜齿轮用变双曲圆弧齿线圆柱齿轮替代，如图 2-9、图 2-10 所示，研究这对齿轮的可靠性及参数灵敏度，需要先构建较高精度的变双曲圆弧齿线圆柱齿轮代理模型，在此我们建立几种采用常用的代理模型。假设设计参数（齿宽、压力角、模数、

刀具半径）和转矩服从正态分布，其参数参考书后参考文献［26］等。对于刀具半径的标准差，则参考书后参考文献［27］：当缺乏实验数据时，其标准差 σ 采用变异系数法进行确定，选取变异系数为0.1，则齿轮设计参数及其均值、标准差取值如表2-5所示。

图2-9　变双曲圆弧齿线圆柱齿轮　　图2-10　变双曲圆弧齿线圆柱齿轮减速器

表2-5　CATT齿轮设计参数其均值和标准差

变量	均值	标准差	上界值	下界值
齿宽/mm	40	0.5	38.5	41.5
模数/mm	3.2	0.1	2.9	3.5
压力角/度	20	0.5	18.5	21.5
齿线半径/mm	250	25	175	325
力矩/N. mm	161 400	16 140	112 980	209 820

一、变双曲圆弧齿线圆柱齿轮接触响应分析

为了清晰地表述基于有限元分析弧齿线齿轮接触强度的分析流程与分析过程中的设置与调整，以分析 $Z_1 = 31$，$Z_2 = 62$，模数 M = 3.2mm，压力角 = 20度，材料为17CrNiMo6（E = 2.08MPA，泊松比 = 0.298），刀具半径 R = 375，齿宽为40mm的在载荷60800N. mm的工况下的弧齿线齿轮接触强

度为例，分析流程如图 2-11 所示。

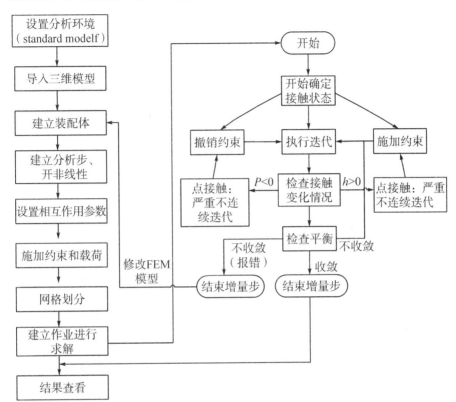

图 2-11 变双曲圆弧齿线齿轮接触强度分析流程

在 ABAQUS 中建立材料信息 [如弹性模量、泊松比等参数，17CrNiMo6（E＝2.08MPA，泊松比＝0.298）]。

建立分析步，开启非线性，定义相互作用为接触，设置圆弧齿线齿轮副有限元分析的接触类型为"无摩擦"。主动与从动以各自旋转中心建立 MPC 约束。

在主动轮上施加扭矩，其大小为 60800N.mm，同时对主动轮添加 MPC 约束，并将其旋转轴方向设置为"自由"，其他旋转和平移设置为"固定"，对于从动轮而言，MPC 固定约束，全向固定。

按照结构力学分析设置网格参数，对接触区域进行几何剖分以便细化接触区域的网格，提升分析数据的可靠性。齿轮副进行网格划分的过程中，采用扫掠方式，网格类型采用 C3D8I，齿轮整体的单元大小设置为 2mm，接触区域进行局部细分大小设置为 0.02mm，如果不满足要求则要继续调整参数。分析过程中因对接触区域进行局部细分，每对齿轮的网格数量大概在 120 万个，建立的变双曲圆弧齿线齿轮副有限元分析模型如图 2-12 所示。

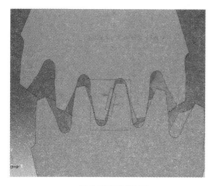
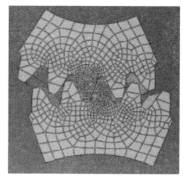

(a)几何剖分结果　　　　　　　　　(b)整体网格划分结果

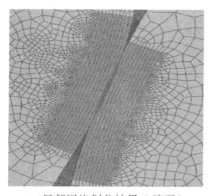

(c)局部网格划分结果（端面）　　　(d)局部网格划分结果（轴向）

图 2-12　变双曲圆弧齿线齿轮副有限元分析模型

二、优化拉丁超方试验设计方法

Kroo I、Altus S 等学者通过研究不同代理模型的结论，结合前述拟采用的代理模型，考虑到区间范围过大、会降低代理模型的精度，从而将这种新型齿轮的可靠性指标影响最大的点被排除在抽样空间之外，影响计算精度。为了保证样本空间的均匀性，在此采用文献中所提出的优化拉丁超方试验设计方法进行试验设计，同时与均匀试验设计对比。

（一）优化拉丁超方试验设计

M. D. Mckay 和 R. J. Beckman 提出一种最优拉丁超立方设计方法（Optimal Latin hypercube design，以下简称：Opt LHD），该方法改进了 enhanced stochastic evolutionary（ESE）算法和 evaluate optimality criteria method 两种，该方法通过对极大极小距离判定准测（φ_p），熵准测以及中心 L_2 偏差标准改进，提高了拉丁超立方设计方法的效率和进一步改善其试验点的均匀性。算法改进和流程如下：

1. 极大极小距离判定准测（φ_p）

假定 $D = [d_{ij}]_{m \times n}$ 为对称阵，其元素为当前设计变量 X 的点间"距离"，φ_p 可由下式表达：

$$\varphi_p = \Big[\sum_{1 \leqslant i \leqslant j \leqslant n} (1/d_{ij})^p \Big]^{1/p} = \Big[\sum_{1 \leqslant i \leqslant j \leqslant n} d_{ij}^{-p} \Big]^{1/p} \tag{2-34}$$

当在 $x_{i1k} \leftrightarrow x_{i2k}$（$i_1$，$i_2$ 行和列）间进行交换时，矩阵 $D = [d_{ij}]_{m \times n}$（$i_1$，$i_2$ 行和列）产生相应的变化，对于任何 $1 \leqslant j \leqslant n$，$j \neq i_1$，$i_2$，定义：

$$s(i_1, i_2, k, j) = |x_{i_2k} - x_{jk}|^t - |x_{i_1k} - x_{jk}|^t \tag{2-35}$$

则有

$$d_{i_1j}' = d_{ji_1}' = [d_{i_1j}^t + s(i_1, i_2, k, j)]^{1/t} \tag{2-36}$$

$$d_{i_2j}' = d_{ji_2}' = [d_{i_2j}^t - s(i_1, i_2, k, j)]^{1/t} \tag{2-37}$$

基于上述考虑，新的 φ_p 则为

$$\varphi_p' = \Big\{ \varphi_p^p + \sum_{1 \leqslant j \leqslant n,\, j \neq i_1,\, i_2} [(d_{i_1j}')^{-p} - d_{i_1j}^{-p}] + \\ \sum_{1 \leqslant j \leqslant n,\, j \neq i_1,\, i_2} [(d_{i_2j}')^{-p} - d_{i_2j}^{-p}] \Big\}^{1/p} \tag{2-38}$$

2. 熵准测

在拉丁超立方设计熵准测中的相关系数矩阵 $R = [r_{ij}]_{n \times n}$ 是一个正定阵，基于 Cholesky 分解后，$R = [r_{ij}]_{n \times n}$ 可以改写为

$$R = [r_{ij}]_{n \times n} = U^T \times U \tag{2-39}$$

式中，U 是一个上三角矩阵，$u_{ij} = 0$，如果 $i < j$，则有

$$|R| = \prod_{i=1}^{n} u_{ij}^2 \tag{2-40}$$

由于在新构建的行列 $R = [r_{ij}]_{n \times n}$ 的值不能直接基于原拉丁超立方设计中 entropy criterion 的相关系数矩阵 $R = [r_{ij}]_{n \times n}$ 算出，因此通过修正 Cholesky 算法，对其进行改进。假定 $n_1 = \min(i_1, i_2)$，则 $R = [r_{ij}]_{n \times n}$ 可以改写为

$$R_{n \times n} = \begin{bmatrix} (R_1)\, n_1 \times n_1 & (R_2)\, n_1 \times (n - n_1) \\ (R_2^T)\, n_1 \times (n - n_1) & (R_3)(n - n_1) \times (n - n_1) \end{bmatrix} \tag{2-41}$$

当 R_1 已知时（ $R_1 = U_1^T \times U_1$ ），则 $R = [r_{ij}]_{n \times n}$ 的 Cholesky 分解 U 为

$$U = \begin{bmatrix} (U) \, n_1 \times n_1 & (U_2) \, n_1 \times (n - n_1) \\ 0 & (U_3)(n - n_1) \times (n - n_1) \end{bmatrix} \tag{2-42}$$

上式中，U_3 为上三角矩阵，因为当元素下标为 $1 \leqslant i \leqslant j \leqslant n_1$ 时，其值保持不变，其他元素可以利用相关文献中的修正 Cholesky 算法进行计算。

3. 中心 L2 偏差标准

采用与 φ_p 类似的思想对中心 L_2 偏差标准的进行求解，假定 $Z = [z_{ik}]_{n \times m}$ 为变量 X 的中心设计矩阵，$z_{ik} = x_{ik} - 0.5$，同时假定 $C = [c_{ik}]_{n \times m}$，且其为对称阵，其元素为

$$c_{ij} = \begin{cases} \dfrac{1}{n^2} \displaystyle\prod_{k=1}^{m} \dfrac{1}{2}(2 + |z_{ik}| + |z_{jk}| - |z_{ik} - z_{jk}|), & i \neq j \\ \dfrac{1}{n^2} \displaystyle\prod_{k=1}^{m} (1 + |z_{ik}|) - \dfrac{2}{n} \displaystyle\prod_{k=1}^{m} (1 + \dfrac{1}{2}|z_{ik}| + -\dfrac{1}{2}z_{ik}^2) \end{cases} \tag{2-43}$$

其中，令 $g_i = \displaystyle\prod_{k=1}^{m}(1 + |z_{ik}|)$，

$$h_i = \prod_{k=1}^{m} \left(1 + \dfrac{1}{2}|z_{ik}| - \dfrac{1}{2}z_{ik}^2\right) = \prod_{k=1}^{m} \left(\dfrac{1}{2}(1 + |z_{ik}|)(2 - |z_{ik}|)\right)$$

则上式可以改定为

$$c_{ij} = g_i / n^2 - 2h_i / n \tag{2-44}$$

则

$$C L_2(X)^2 = \left(\dfrac{13}{12}\right)^2 + \sum_{i=1}^{n} \sum_{j=1}^{n} c_{ij} \tag{2-45}$$

当在 $x_{i1k} \leftrightarrow x_{i2k}$（ i_1，i_2 行和列）间进行交换时，则矩阵 $C = [c_{ik}]_{n \times m}$（ i_1，i_2 行和列）产生相应的变化，对于任何 $1 \leqslant j \leqslant n$，$j \neq i_1, i_2$，定义：

$$\gamma(i_1, i_2, k, j) = (2 + |z_{i_2k}| + |z_{jk}| - |z_{i_2k} - z_{jk}|)/(2 + |z_{i_1k}| + |z_{jk}| - |z_{i_1k} - z_{jk}|) \tag{2-46}$$

则有

$$c_{ij}' = c_{ji_1}' = \gamma(i_1, i_2, k, j) c_{ij} \tag{2-47}$$

$$c_{i_2j}' = c_{ji_2}' = \gamma(i_1, i_2, k, j) c_{i_2j} \tag{2-48}$$

取 $\alpha(i_1, i_2, k) = (1 + |z_{i_2k}|)/(1 + |z_{i_1k}|)$，$\beta(i_1, i_2, k) = (2 - |z_{i_2k}|)/(2 - |z_{i_1k}|)$，则有

$$c_{i_1i_1}' = \alpha(i_1, i_2, k) g_{i_1} / n^2 - 2\alpha(i_1, i_2, k)\beta(i_1, i_2, k) h_{i_1} / n \tag{2-49}$$

$$c_{i_2i_2}' = \alpha(i_1, i_2, k) g_{i_2} / n^2 - 2h_{i_2}[n\alpha(i_1, i_2, k)\beta(i_1, i_2, k)]$$

$$(2-50)$$

基于上述考虑，新的中心 L_2 偏差标准则为

$$(CL_2(X)^2)' = CL_2(X)^2 + c_{i_1i_1}' - c_{i_1i_1} + c_{i_2i_2}' - c_{i_2i_2} +$$

$$2\sum_{1 \leqslant j \leqslant n, \, j \neq i_1, \, i_2}^{n} (c_{i_1j}' - c_{i_1j} + c_{i_2j}' - c_{i_2j}) \qquad (2-51)$$

4. 算法流程

本书所采用的优化拉丁超立方设计流程如图 2-13 所示，包含内环和外环两个部分。

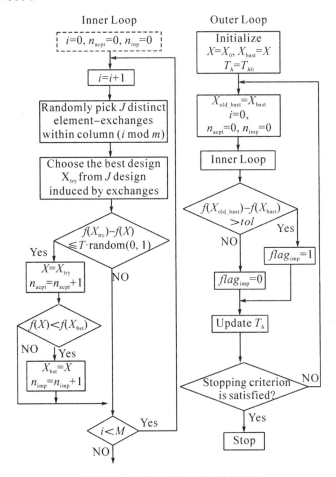

图 2-13　优化拉丁超立方设计流程

（二）优化拉丁超方试验设计

1. 优化拉丁超方试验设计结果

基于优化拉丁超方试验设计方法的实验设计结果如表 2-6 所示。获取 101 组试验方案，其中 80 组用于建立代理模型，21 组用于模型的检验。试验结果如表 2-6、表 2-7 所示。

表 2-6 基于优化拉丁超方试验设计方法试验结果（训练集）

序号	主动齿轮齿数	从动齿轮齿数	压力角	模数	齿宽	刀具半径	力矩
1	31	62	18.836 85	3.432 63	40.000 00	308.157 5	123 853.518
2	31	62	21.163 15	3.200 00	40.000 00	308.157 5	161 400.000
3	31	62	20.000 00	3.432 63	41.163 15	308.157 5	198 946.482
4	31	62	21.163 15	2.967 37	38.836 85	250.000 0	161 400.000
5	31	62	20.000 00	2.967 37	38.836 85	250.000 0	198 946.482
6	31	62	18.836 85	3.200 00	41.163 15	308.157 5	198 946.482
7	31	62	18.836 85	3.432 63	38.836 85	308.157 5	198 946.482
8	31	62	18.836 85	3.200 00	41.163 15	191.842 5	198 946.482
9	31	62	21.163 15	3.200 00	38.836 85	250.000 0	161 400.000
10	31	62	18.836 85	2.967 37	38.836 85	308.157 5	123 853.518
11	31	62	21.163 15	2.967 37	40.000 00	191.842 5	123 853.518
12	31	62	20.000 00	3.432 63	41.163 15	250.000 0	198 946.482
13	31	62	20.000 00	3.432 63	40.000 00	250.000 0	161 400.000
14	31	62	20.000 00	2.967 37	41.163 15	191.842 5	198 946.482
15	31	62	18.836 85	2.967 37	38.836 85	308.157 5	198 946.482
16	31	62	18.836 85	3.200 00	40.000 00	308.157 5	123 853.518
17	31	62	18.836 85	2.967 37	41.163 15	308.157 5	161 400.000
18	31	62	21.163 15	3.432 63	38.836 85	191.842 5	198 946.482
19	31	62	21.163 15	3.432 63	41.163 15	250.000 0	161 400.000
20	31	62	20.000 00	2.967 37	40.000 00	250.000 0	198 946.482
21	31	62	20.000 00	3.200 00	38.836 85	308.157 5	161 400.000
22	31	62	18.836 85	3.432 63	40.000 00	191.842 5	161 400.000
23	31	62	21.163 15	3.432 63	38.836 85	250.000 0	123 853.518

表2-6(续)

序号	主动齿轮齿数	从动齿轮齿数	压力角	模数	齿宽	刀具半径	力矩
24	31	62	18.836 85	3.200 00	41.163 15	191.842 5	123 853.518
25	31	62	18.836 85	2.967 37	41.163 15	191.842 5	161 400.000
26	31	62	21.163 15	3.432 63	38.836 85	308.157 5	123 853.518
27	31	62	21.163 15	3.200 00	40.000 00	250.000 0	161 400.000
28	31	62	20.000 00	3.200 00	40.000 00	250.000 0	198 946.482
29	31	62	21.163 15	3.432 63	38.836 85	308.157 5	161 400.000
30	31	62	21.163 15	3.200 00	38.836 85	308.157 5	198 946.482
31	31	62	21.163 15	3.432 63	38.836 85	250.000 0	198 946.482
32	31	62	20.000 00	2.967 37	41.163 15	308.157 5	123 853.518
33	31	62	18.836 85	3.432 63	38.836 85	191.842 5	198 946.482
34	31	62	20.000 00	3.200 00	41.163 15	191.842 5	161 400.000
35	31	62	20.000 00	3.200 00	41.163 15	250.000 0	161 400.000
36	31	62	18.836 85	3.432 63	41.163 15	308.157 5	161 400.000
37	31	62	20.000 00	2.967 37	40.000 00	250.000 0	161 400.000
38	31	62	21.163 15	2.967 37	41.163 15	250.000 0	198 946.482
39	31	62	21.163 15	3.200 00	40.000 00	191.842 5	123 853.518
40	31	62	20.000 00	3.432 63	40.000 00	308.157 5	198 946.482
41	31	62	18.836 85	3.200 00	38.836 85	308.157 5	123 853.518
42	31	62	18.836 85	3.200 00	40.000 00	308.157 5	198 946.482
43	31	62	18.836 85	2.967 37	41.163 15	250.000 0	123 853.518
44	31	62	20.000 00	3.200 00	40.000 00	191.842 5	198 946.482
45	31	62	21.163 15	2.967 37	40.000 00	308.157 5	161 400.000
46	31	62	18.836 85	3.432 63	38.836 85	250.000 0	161 400.000
47	31	62	21.163 15	3.200 00	41.163 15	250.000 0	198 946.482
48	31	62	18.836 85	2.967 37	41.163 15	250.000 0	198 946.482
49	31	62	21.163 15	3.200 00	41.163 15	191.842 5	198 946.482
50	31	62	21.163 15	3.200 00	40.000 00	250.000 0	123 853.518
51	31	62	20.000 00	2.967 37	40.000 00	191.842 5	161 400.000

表2-6(续)

序号	主动齿轮齿数	从动齿轮齿数	压力角	模数	齿宽	刀具半径	力矩
52	31	62	18.836 85	3.200 00	40.000 00	250.000 0	161 400.000
53	31	62	18.836 85	2.967 37	38.836 85	191.842 5	198 946.482
54	31	62	20.000 00	2.967 37	41.163 15	250.000 0	123 853.518
55	31	62	21.163 15	3.432 63	40.000 00	191.842 5	198 946.482
56	31	62	21.163 15	2.967 37	40.000 00	191.842 5	198 946.482
57	31	62	18.836 85	3.200 00	38.836 85	191.842 5	161 400.000
58	31	62	21.163 15	3.200 00	41.163 15	191.842 5	123 853.518
59	31	62	20.000 00	3.432 63	38.836 85	250.000 0	161 400.000
60	31	62	20.000 00	3.200 00	40.000 00	250.000 0	123 853.518
61	31	62	21.163 15	3.432 63	41.163 15	308.157 5	123 853.518
62	31	62	18.836 85	3.200 00	38.836 85	191.842 5	123 853.518
63	31	62	20.000 00	3.432 63	38.836 85	191.842 5	161 400.000
64	31	62	21.163 15	2.967 37	41.163 15	308.157 5	198 946.482
65	31	62	20.000 00	3.432 63	38.836 85	191.842 5	123 853.518
66	31	62	18.836 85	3.432 63	40.000 00	250.000 0	198 946.482
67	31	62	21.163 15	2.967 37	38.836 85	308.157 5	123 853.518
68	31	62	18.836 85	2.967 37	38.836 85	191.842 5	161 400.000
69	31	62	20.000 00	3.432 63	40.000 00	191.842 5	123 853.518
70	31	62	20.000 00	2.967 37	40.000 00	308.157 5	123 853.518
71	31	62	18.836 85	3.200 00	38.836 85	250.000 0	161 400.000
72	31	62	20.000 00	2.967 37	38.836 85	191.842 5	198 946.482
73	31	62	20.000 00	3.432 63	40.000 00	308.157 5	161 400.000
74	31	62	20.000 00	3.432 63	41.163 15	308.157 5	123 853.518
75	31	62	20.000 00	2.967 37	38.836 85	191.842 5	123 853.518
76	31	62	20.000 00	2.967 37	40.000 00	191.842 5	123 853.518
77	31	62	18.836 85	3.432 63	41.163 15	250.000 0	123 853.518
78	31	62	21.163 15	3.200 00	41.163 15	250.000 0	123 853.518
79	31	62	18.836 85	3.200 00	41.163 15	308.157 5	161 400.000
80	31	62	21.163 15	3.432 63	41.163 15	191.842 5	123 853.518

表 2-7 基于优化拉丁超方试验设计方法试验结果（测试集）

序号	主动齿轮齿数	从动齿轮齿数	压力角	模数	齿宽	刀具半径	力矩
1	31	62	21.163 15	2.967 37	40.000 00	191.842 5	123 853.518
2	31	62	21.163 15	3.200 00	38.836 85	250.000 0	198 946.482
3	31	62	20.000 00	3.432 63	41.163 15	308.157 5	198 946.482
4	31	62	18.836 85	3.432 63	41.163 15	250.000 0	123 853.518
5	31	62	20.000 00	3.432 63	40.000 00	191.842 5	198 946.482
6	31	62	20.000 00	2.967 37	40.000 00	191.842 5	198 946.482
7	31	62	18.836 85	3.200 00	41.163 15	250.000 0	198 946.482
8	31	62	21.163 15	2.967 37	41.163 15	250.000 0	198 946.482
9	31	62	18.836 85	3.200 00	40.000 00	308.157 5	123 853.518
10	31	62	20.000 00	2.967 37	41.163 15	250.000 0	161 400.000
11	31	62	20.000 00	3.200 00	38.836 85	250.000 0	123 853.518
12	31	62	21.163 15	3.200 00	41.163 15	308.157 5	123 853.518
13	31	62	20.000 00	3.200 00	40.000 00	308.157 5	198 946.482
14	31	62	18.836 85	3.432 63	38.836 85	308.157 5	161 400.000
15	31	62	18.836 85	2.967 37	38.836 85	250.000 0	161 400.000
16	31	62	20.000 00	3.200 00	41.163 15	191.842 5	161 400.000
17	31	62	18.836 85	2.967 37	40.000 00	191.842 5	123 853.518
18	31	62	21.163 15	3.432 63	38.836 85	308.157 5	161 400.000
19	31	62	21.163 15	3.432 63	40.000 00	191.842 5	123 853.518
20	31	62	21.163 15	2.967 37	38.836 85	308.157 5	161 400.000
21	31	62	18.836 85	3.432 63	38.836 85	191.842 5	161 400.000

2. 基于有限元分析的接触强度响应结果

根据上一节的实验设计结果，采用接触应力有限元分析方法进行接触应力响应分析，分析结果如表 2-8、表 2-9 所示。

表 2-8 样本集接触应力响应结果（训练集）

序号	主动齿轮齿数	从动齿轮齿数	压力角	模数	齿宽	刀具半径	力矩	接触应力
1	31	62	1	3	2	3	1	384.7

表2-8（续）

序号	主动齿轮齿数	从动齿轮齿数	压力角	模数	齿宽	刀具半径	力矩	接触应力
2	31	62	3	2	2	3	2	424.5
3	31	62	2	3	3	3	3	437.4
4	31	62	3	1	1	2	2	470.3
5	31	62	2	1	1	2	3	506.4
6	31	62	1	2	3	3	3	468.2
7	31	62	1	3	1	3	3	446.6
8	31	62	1	2	3	1	3	546
9	31	62	3	2	1	2	2	449.4
10	31	62	1	1	1	3	1	413.9
11	31	62	3	1	2	1	1	474.3
12	31	62	2	3	3	2	3	463.4
13	31	62	2	3	2	2	2	438.3
14	31	62	2	1	3	1	3	559.5
15	31	62	1	1	1	3	3	498.6
16	31	62	1	2	2	3	1	397.9
17	31	62	1	1	3	3	2	458.2
18	31	62	3	3	1	1	3	498.8
19	31	62	3	3	3	2	2	426.8
2	31	62	2	1	2	2	3	517.9
21	31	62	2	2	1	3	2	427.2
22	31	62	1	3	2	1	2	492.1
23	31	62	3	3	1	2	1	392
24	31	62	1	2	3	1	1	476.1
25	31	62	1	1	3	1	2	542
26	31	62	3	3	1	3	1	366
27	31	62	3	2	2	2	2	448.9
28	31	62	2	2	2	2	3	489.6
29	31	62	3	3	1	3	2	396.8

表2-8(续)

序号	主动齿轮齿数	从动齿轮齿数	压力角	模数	齿宽	刀具半径	力矩	接触应力
30	31	62	3	2	1	3	3	448.9
31	31	62	3	3	1	2	3	455.9
32	31	62	2	1	3	3	1	407.1
33	31	62	1	3	1	1	3	521.7
34	31	62	2	2	3	1	2	503.8
35	31	62	2	2	3	2	2	456.9
36	31	62	1	3	3	3	2	418.9
37	31	62	2	1	2	2	2	485.3
38	31	62	3	1	3	2	3	504.5
39	31	62	3	2	2	1	1	455.6
2	31	62	2	3	2	3	3	436.9
41	31	62	1	2	1	3	1	398.6
42	31	62	1	2	2	3	3	468.8
43	31	62	1	1	3	2	1	449.7
44	31	62	2	2	2	1	3	533.9
45	31	62	3	1	2	3	2	439.1
46	31	62	1	3	1	2	2	449.2
47	31	62	3	2	3	2	3	475.4
48	31	62	1	1	3	2	3	529.3
49	31	62	3	2	3	1	3	529.7
50	31	62	3	2	2	2	1	418.5
51	31	62	2	1	2	1	2	527.6
52	31	62	1	2	2	2	2	469.3
53	31	62	1	1	1	1	3	574.5
54	31	62	2	1	3	2	1	449.7
55	31	62	3	3	2	1	3	498.2
56	31	62	3	1	2	1	3	547.2
57	31	62	1	2	1	1	2	518.6

表2-8(续)

序号	主动齿轮齿数	从动齿轮齿数	压力角	模数	齿宽	刀具半径	力矩	接触应力
58	31	62	3	2	3	1	1	455.1
59	31	62	2	3	1	2	2	439.1
60	31	62	2	2	2	2	1	421.8
61	31	62	3	3	3	3	1	365.6
62	31	62	1	2	1	1	1	478.7
63	31	62	2	3	1	1	2	476.9
64	31	62	3	1	3	3	3	469.3
65	31	62	2	3	1	1	1	444.6
66	31	62	1	3	2	2	3	479.3
67	31	62	3	1	1	3	1	406.6
68	31	62	1	1	1	1	2	542.7
69	31	62	2	3	2	1	1	444.5
70	31	62	2	1	2	3	1	407.5
71	31	62	1	2	1	2	2	467.8
72	31	62	2	1	1	1	3	561.1
73	31	62	2	3	2	3	2	411.8
74	31	62	2	3	3	3	1	372.7
75	31	62	2	1	1	1	1	490.9
76	31	62	2	1	2	1	1	489.7
77	31	62	1	3	3	2	1	415.9
78	31	62	3	2	3	2	1	418.9
79	31	62	1	2	3	3	2	440.2
80	31	62	3	3	3	1	1	436.7

表2-9　样本集接触应力响应结果（测试集）

序号	主动齿轮齿数	从动齿轮齿数	压力角	模数	齿宽	刀具半径	力矩	接触应力
1	31	62	3	1	2	1	1	474.3
2	31	62	3	2	1	2	3	475.8

表2-9(续)

序号	主动齿轮齿数	从动齿轮齿数	压力角	模数	齿宽	刀具半径	力矩	接触应力
3	31	62	2	3	3	3	3	437.4
4	31	62	1	3	3	2	1	415.9
5	31	62	2	3	2	1	3	509.5
6	31	62	2	1	2	1	3	559.7
7	31	62	1	2	3	2	3	500.4
8	31	62	3	3	3	2	3	504.5
9	31	62	1	2	2	3	1	397.9
10	31	62	2	1	3	2	2	494.1
11	31	62	2	2	1	2	1	421.9
12	31	62	3	2	3	3	1	381.1
13	31	62	2	2	2	3	3	455.5
14	31	62	1	3	1	3	2	419.3
15	31	62	1	1	1	2	2	497.5
16	31	62	2	2	3	1	2	503.8
17	31	62	1	1	2	1	1	501.7
18	31	62	3	3	1	3	2	396.8
19	31	62	3	3	2	1	1	436.7
20	31	62	3	1	1	3	2	439.7
21	31	62	1	3	1	1	2	492.2

三、变双曲圆弧齿线圆柱齿轮的各种代理模型构建

1. 基于 RBF 代理模型研究

根据前面的试验抽样和 FEM 分析结果，采用 RBF 方法建立了变双曲圆弧齿线圆柱齿轮的输入参数（压力角、齿宽、模数、齿线半径、力矩）与输出（接触应力）之间的代理模型。其建立的代理模型的残差图如图2-14、图 2-15 所示。

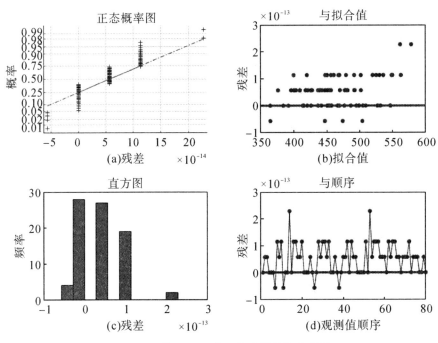

图 2-14　基于 RBF 代理模型训练集残差图

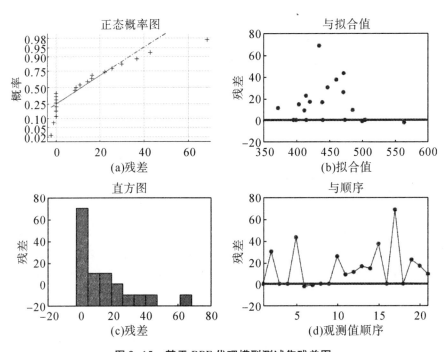

图 2-15　基于 RBF 代理模型测试集残差图

由代理模型的残差图可知，采用 RBF 建立了变双曲圆弧齿线圆柱齿轮的输入参数（压力角、齿宽、模数、齿线半径、力矩）与输出（接触应力）之间的代理模型，其能对训练集样本进行很好地复现，误差的数量级为 10^{-13}；但是对于其预测集样本中仅有 9 个样本能够很好地复现，其余 12 个测试集样本不能够很好地复现，误差最大值为 70MPA 左右。

2. 基于 GEP 代理模型研究

根据前面的试验抽样和 FEM 分析结果，采用 GEP 方法建立了变双曲圆弧齿线圆柱齿轮的输入参数（压力角、齿宽、模数、齿线半径、力矩）与输出（接触应力）之间的代理模型。其建立的代理模型的残差图如图 2-16、图 2-17 所示。

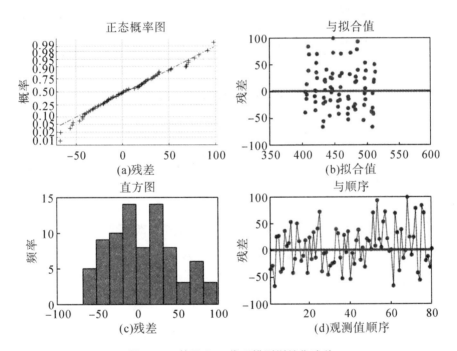

图 2-16 基于 GEP 代理模型训练集残差

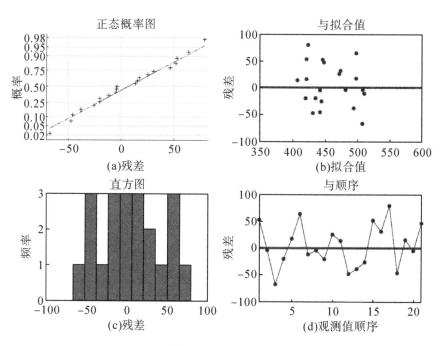

图 2-17　基于 GEP 代理模型测试集残差

由代理模型的残差图可知，采用 GEP 方法建立了变双曲圆弧齿线圆柱齿轮的输入参数（压力角、齿宽、模数、齿线半径、力矩）与输出（接触应力）之间的代理模型，其不能对训练集样本进行很好的复现，误差的数量级为 1；但是对于其预测集样本中仅有 3 个样本能够很好地复现，其余 18 个测试集样本不能够很好地复现，误差最大值为 80MPA 左右。

3. 基于支持向量回归代理模型研究

根据前面的试验抽样和 FEM 分析结果，采用 SVR 方法建立了变双曲圆弧齿线圆柱齿轮的输入参数（压力角、齿宽、模数、齿线半径、力矩）与输出（接触应力）之间的代理模型。其建立的代理模型的残差图如图 2-18、图 2-19 所示。

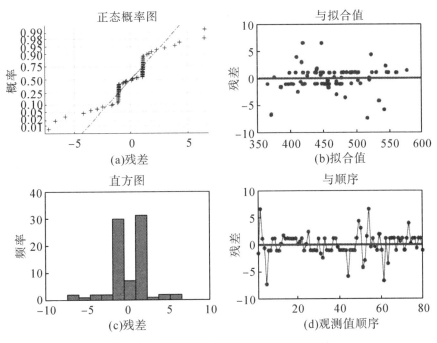

图 2-18 基于 SVR 代理模型训练集残差图

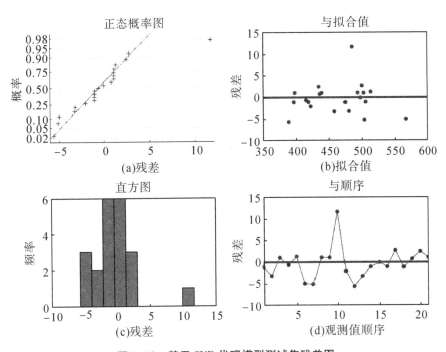

图 2-19 基于 SVR 代理模型测试集残差图

　　由近似模型的残差图可知，采用 SVR 建立了变双曲圆弧齿线圆柱齿轮的输入参数（压力角、齿宽、模数、齿线半径、力矩）与输出（接触应力）之间的代理模型，其误差的数量级为 1，误差相对 RBF 而言较大；但是对于其预测集样本中仅有 6 个样本能够很好地复现，其余 15 个测试集样本不能够很好地复现，误差最大值为 13MPA 左右。

　　4. 基于 Kriging 代理模型研究

　　根据前面的试验抽样和 FEM 分析结果，采用 Kriging 方法建立了变双曲圆弧齿线圆柱齿轮的输入参数（压力角、齿宽、模数、齿线半径、力矩）与输出（接触应力）之间的代理模型。其建立的代理模型的残差图如图 2-20、图 2-21 所示。

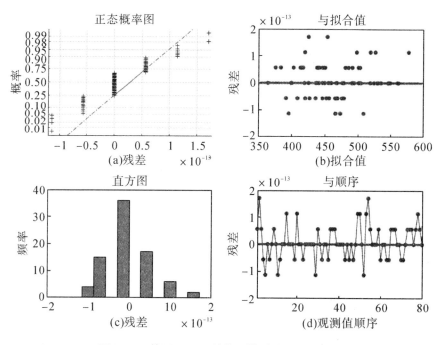

图 2-20　基于 Kriging 的代理模型训练集残差图

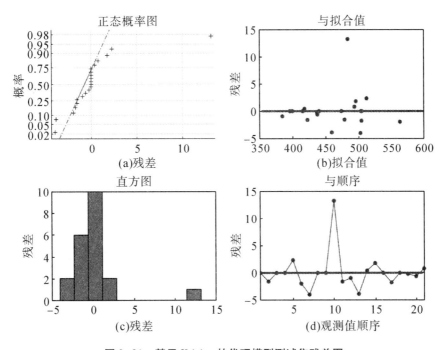

图 2-21　基于 Kriging 的代理模型测试集残差图

由代理模型的残差图可知，采用 Kriging 建立了变双曲圆弧齿线圆柱齿轮的输入参数（压力角、齿宽、模数、齿线半径、力矩）与输出（接触应力）之间的代理模型，其误差的数量级为 10^{-13}；但是对于其预测集样本中仅有 12 个样本能够很好地复现，其余 11 个测试集样本虽不能够很好地复现，但仅有一个样本的误差最大值为 14MPA 左右，其中 10 个样本的预测值和实际值之间的差值均在 5MPA 以内。

5. 以上构建的四种代理模型比较分析

根据上述分析有，评价代理模型的精度主要综合均方根误差（Root Mean Square Error，RMSE）检验、样本决定系数 R^2（RSquare）、相对最大绝对误差（RelativeMaximumAbsolute Error，RMAE）三个指标进行判断的选择使用何种方法来建立适用于研究对象的近似模型。本书采用 Kriging、GEP、SVR、RBF 四种方法建立的变双曲圆弧齿线圆柱齿轮的输入参数（压力角、齿宽、模数、齿线半径、力矩）与输出（接触应力）之间的代理模型其对应的三项指标的值，如表 2-10 所示。

表 2-10　代理模型精度评价

代理模型	R^2	RMSE	RMAE
Kriging 模型	0.995 0	3.288 7	0.284 3
SVR 模型	0.994 1	3.570 9	0.250 6
RBF 模型	0.758 4	22.773 1	1.472 8
GEP 模型	0.284 0	39.207 0	1.706 1

根据上述评价指标可知，利用 Kriging、GEP、SVR、RBF 四种方法建立的变双曲圆弧齿线圆柱齿轮的输入参数（压力角、齿宽、模数、齿线半径、力矩）与输出（接触应力）之间的代理模型，其中 Kriging 和 SVR 模型的 R^2 较大，且 RMSE、RMAE 两个指标最小；结合其残差分析，综合考虑，此处可优先选择 Kriging 方法来建立变双曲圆弧齿线圆柱齿轮的输入参数（压力角、齿宽、模数、齿线半径、力矩）与输出（接触应力）之间的代理模型。

第三章 基于代理模型的进化多目标优化

在工程实践以及科学研究中，许多优化问题往往可以采用数学方法解决，先对优化问题建立数学建模，进而使用优化算法对其进行求解，最后在所有备选方案中得到最优方案。目前，优化算法的研究成果在调度排产、金融投资、自动控制、机器学习等领域得到了广泛的应用。

传统的优化算法，如梯度下降法、牛顿法等算法，对某些特定类型的问题，具有较好的求解效果。然而，这些算法对优化问题的求解具有一定的适用范围，对于一些复杂的问题，这些算法往往不再适用。比如，对于不可微或者离散优化问题，很多依赖梯度信息的传统算法往往会失效；对于多峰问题，传统算法依赖算法初始解的选择，使得这些算法比较容易陷入局部最优解。

进化算法（Evolutionary Algorithm，EA）是学者借鉴自然界中的"适者生存""自然选择"等理论提出的一种智能优化算法。EA 通过维持一个具有一定规模的种群，并模拟自然界生物进化的过程，启发式地寻求最优解。经过多年的发展，EA 的研究得到了极大的丰富。与传统优化算法相比，EA 的主要优点在于：①使用方法简单；②具有较好的通用性，对问题先验知识的依赖较少；③可以以一定的概率收敛到全局最优，非常适于求解复杂的多峰问题；④可以对包含噪声的问题、动态优化问题进行有效求解。由于传统优化方法无法有效求解多目标优化问题，目前进化算法已成为求解多目标优化问题最主流、有效的算法。

第一节 进化多目标优化算法概述

一、多目标优化（Multiobjective Optimization Problem，MOP）算法概览

学者 Miettinen 根据决策与优化之间的先后顺序将多目标优化算法分为了四类：无偏好方法（no-preference methods）、先验法/优化前决策方法（a prior methods）、后验法/优化后决策方法（a posterior methods）以及交互方法（interactive methods）。

无偏好方法不加入决策者的任何偏好，该方法获得的解经常不能很好地满足决策者的最终要求，因此该方法只能用在决策者对最优解没有特别要求的场合。

先验法要求决策者在优化之前确定各个目标函数的重要性，并根据目标的重要性进行优化；这类方法严重依赖决策者的先验知识，具有很大的主观性；并且每次求解往往只能得到一个解，当对结果不满意时，常需要重新优化求解。该类算法的典型方法包括价值函数法、字典序法等。

后验法在优化之后呈现给决策者一个 Pareto 最优解集，使得决策者可以根据自己的偏好，在该解集中选择最终的方案；当对某个方案不满意时，可以灵活地选择其他方案。进化多目标优化算法即为此类方法的代表方法。

交互法不要求决策者在优化开始之前提供先验信息，而是在优化的过程中通过决策者的参与不断将搜索集中到决策者关心的区域。这类算法具有针对性强的特点，但是由于优化过程需要决策者的干预，加重了决策者的负担；此外，这类方法与先验法类似，当决策者对最终解不满意时，需要重新进行优化。这类算法的代表有 STEM 法、参考点法等。

总体来看，进化多目标优化算法作为一种典型的后验多目标优化方法，可以降低对决策者先验信息的依赖并且可以为决策者提供尽可能多样的选择，具有其他方法不具备的明显优势。目前，进化多目标优化算法已成为解决多目标优化问题的一类主流算法。

二、进化多目标优化算法

在进化算法中，可以通过"个体"表示多目标优化问题的一个解，通

过"种群"表示多目标优化问题的一个解集，进化的过程就是对解不断迭代改进的过程。

Holland 教授于 1975 年在研究适应性系统时提出了遗传算法（Genetic Algorithm，GA），用于求解单一目标优化问题。1985 年，Schaffer 首次将遗传算法和多目标优化算法进行了结合，提出了向量评估遗传算法（Vector Evaluated Genetic Algorithm，VEGA）。1989 年，Goldberg 在 *Genetic Algorithms for Search，Optimization，and Machine Learning* 中提出了使用 Pareto 理论解决多目标优化问题的思路，该思路为后续进化多目标优化算法的研究提供了重要的指导。自此，进化多目标优化算法的研究开始兴起。Gong、Zhou 等人对进化多目标优化领域的发展进行了比较全面的介绍。

1993 年前后出现了第一批进化多目标优化算法，这些算法的特点在于使用了 Pareto 等级进行种群中个体的选择并使用适应度共享（小生境）技术维持种群的多样性。这些算法被称为第一代进化多目标算法。这类算法的主要代表有：Fonseca 和 Fleming 提出的 Multi Objective Genetic Algorithm（MOGA）、Srinivas 和 Deb 提出的 Non-dominated Sorting Genetic Algorithm（NSGA）以及 Niched Pareto Genetic Algorithm（NPGA）。

然而，由于基于适应度共享的多样性维持技术依赖于一些先验知识，在实际使用的过程中往往会出现一些限制。1999—2003 年，出现的一批进化多目标优化算法被称为第二代进化多目标算法。这些算法的特点主要在于：①使用精英保留策略保存非支配解，防止最优解的丢失；②一些优于适应度共享的多样性维持技术被提出：比如基于拥挤距离的方法、基于空间超格的方法，等等。这一时期出现的主要算法：Ziztler 和 Thiele 提出的 Strength Pareto Evolutionary Algorithm（SPEA）及其改进算法 SPEA2、Knowles 和 Corne 提出的 Pareto Archived Evolution Strategy（PAES）及后续算法 Pareto Envelope-Based Selection Algorithm（PESA）、PESA-II；此外，还有经典的 NSGA-II 算法。

21 世纪以来，进化多目标算法进入了一个新的发展阶段，涌现出了许多不同特点的算法，包括基于分解技术的多目标算法、基于指标的多目标算法、基于偏好的多目标算法、基于粒子群的多目标算法、基于人工免疫系统的多目标算法、协同多目标优化算法、基于密母计算的多目标优化算法等。

三、群体智能优化算法在代理模型优化中的应用

群体智能优化算法根据社会性动物的群体行为分为以下几类：模拟生物进化的算法，包括遗传算法、进化算法、进化规划和遗传程序设计等；模拟动物群体行为的算法，包括蜂群算法、蚁群算法、鱼群算法、粒子群算法等；模拟人类思维的算法，如社会认知优化算法等。

智能优化算法与传统优化策略相比有着更加优异的寻优性能，因而被广泛应用于不同的工程领域的优化问题中。但是其对于复杂工程问题寻优时也存在着一系列问题。比如需要进行大量物理仿真实验、对于黑箱问题拟合寻优困难等。针对以上问题，为了解决工程领域内寻优问题的基于代理模型的优化算法应运而生，其大大提高了优化效率，为工程优化设计节约了大量的成本。现今已经有大量学者致力于智能优化算法与代理模型技术的耦合，并且已经提出了一系列性能较好的优化算法。Keivan 将粒子群优化算法与代理模型结合构建一种基于代理模型的优化框架，其寻优点结果在真实最优解的 1% 内。Roman 等人提出一种基于代理模型的遗传算法优化框架，其能够加速求解最优解。Rahmani 将多项式代理模型与基于种群的智能算法结合，构建了一套优化效率较高的优化框架。Sun 等运用局部代理模型与全局代理模型相结合的方式对函数进行拟合逼近，在其基础上提出一种基于双层代理模型的粒子群优化算法。Fonseca 利用局部加权代理模型趋近提高了遗传算法的计算效率，且最优解更加精确。叶年辉等人提出了一种基于 Kriging 代理模型的约束差分进化算法，其通过实验表明该算法在优化效率、鲁棒性以及全局收敛性等方面有着明显的优势。天津大学的戚蓝等构建了一种基于径向基函数代理模型的水交换模型，通过粒子群算法寻得了最优解，高效省时。

虽然代理模型和智能优化算法的耦合有效解决了一部分工程问题的优化，但是各智能优化算法分别存在一系列问题，这些问题可能会导致最终优化失败。比如遗传算法寻优需要在初始阶段设置大量的关键参数，如果参数设置错误或者不当，整个优化过程便会失败；粒子群优化算法所需要的初始参数虽然少，但是目前较为通用的粒子群优化算法容易出现局部收敛或者早熟。所以，想要构建比较成功的基于代理模型的智能框架，除了需要构建精度较高的代理模型外，也要解决相应的智能优化算法存在的问题，在解决两者存在的问题后有机耦合两者，设计一种基于代理模型的优化框架是今后的一个热点研究问题。

第二节 进化多目标优化基本理论

实际工程中存在优化问题的目标之间通常相互冲突，多数情况都是多目标优化问题。多目标优化也称为多准则优化、多指标优化或向量优化，求解多目标优化问题就是要找到一个由决策变量构成的向量，使其能够满足所有目标函数和约束条件组成的向量函数。

多目标优化问题的数学描述为

对于设计变量 $X = \begin{bmatrix} x_1, & x_2, & \cdots, & x_k \end{bmatrix}^T$

$$\min F(X) = \begin{bmatrix} f_1(X), & f_2(X), & \cdots, & f_i(X), & \cdots, & f_n(X) \end{bmatrix}$$

$$\text{s. t. } \begin{cases} g_j(X) \leqslant 0, & j = 1, 2, \cdots, l \\ h_j(X) = 0, & j = 1, 2, \cdots, m \\ x_{j\min} \leqslant x_j \leqslant x_{j\max}, & j = 1, 2, \cdots, k. \end{cases} \tag{3-1}$$

其中，$f_i(X)$ 为第 i 个目标函数；$g_j(X)$ 为第 j 个不等式约束函数；$h_j(X)$ 为第 j 个等式约束函数；$x_{j\min}$，$x_{j\max}$ 为第 j 个设计变量 x_j 的上下界；n 为目标函数的个数；l 为不等式约束的个数；m 为等式约束的个数；k 为设计变量的个数。

多目标优化问题中各个目标间通常是相互冲突的，与单目标优化相比，优化解不是单一的解，而是一个解集，称为 Pareto 解集。基于公式（3-1）所示的最小化多目标优化问题，给出以下相关定义：

定义 3.1 可行解。

如果 $x \in X$ 满足（3-1）中所有的约束条件，则称 x 为可行解。

定义 3.2 可行解集合。

由 X 中所有可行解组成的集合称为可行解集合。

定义 3.3 Pareto 支配

假设 x_1 与 x_2 是可行域中 Q 的两个可行解，那么称 x_1 Pareto 支配（占优于）x_2（记为 $x_1 < x_2$），当且仅当：对任意 $i = 1, \cdots, m$，$f(x_1) < f(x_2)$，不存在占优关系的两个解 x_1 与 x_2 被称为互不占优，记为 $x_1 = x_2$。

定义 3.4 Pareto 最优解。

称可行解 x^* 为 Pareto 最优解，当且仅当：$x \in Q$，使得 $x < x^*$。

定义 3.5 Pareto 最优解集。

称所有 Pareto 最优解构成的集合为 Pareto 最优解集，记为 PS（Pareto

Set，PS）。

定义 3.6 Pareto 最优前沿。

称 Pareto 最优解集在目标空间中的映射为 Pareto 最优前沿，记为 PF（Pareto Front，PF）。

对可行解 $X*$，当且仅当不存在可行解 X'，使 $f_i(X') \leqslant f_i(X^*)$ 其中至少有一个严格不等式成立，则称 X^* 是多目标优化的一个非劣解，所有非劣解构成的集合称为 Pareto 解集。

一个比较理想的非劣解集应满足如下条件：

（1）获得的非劣 Pareto 解集应尽可能接近真实非劣 Pareto 解集；

（2）获得的非劣 Pareto 解集应尽可能均匀分布；

（3）获得的非劣 Pareto 解集的非劣前沿的端点应尽可能接近单目标极值。

下面通过图形的方式对上述概念进行更直观的介绍。图 3-1 展示了决策空间以及目标空间均为 2 维的多目标优化问题解的情况。左侧子图为决策空间，右侧子图为对应的目标空间；图中的五个点 A、B、C、D、E 代表了五个解。左侧子图的纵、横坐标分别表示两个决策变量 x_1 以及 x_2，右侧子图的纵、横坐标分别表示两个目标函数 f_1 以及 f_2。通过观察目标空间，可以得出以下关系：A 与 B 均 Pareto 占优于 C，而 D 与 E 分别与 C 互不占优；位于 PF 上的四个解 A、B、D、E 也均互不占优，并且在所有可行解中找不到其他解占优于这些解。

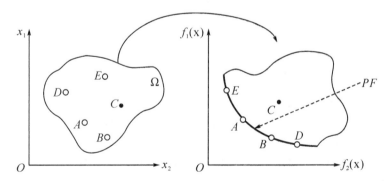

注：左图表示决策空间；右图表示目标空间；x_1 及 x_2 表示两个决策变量；$x = [x_1, x_2]^T$ 表示决策向量；f_1 及 f_2 表示两个目标函数；Ω 表示可行域；A、B、C、D、E 表示 5 个解；右图 E、A、B、D 所在曲线表示 Pareto 前沿 PF。

图 3-1　多目标优化问题基本概念示意

　　由于多目标优化问题的最优解为一个折衷解的集合，因此多目标优化问题的求解目标与单目标优化问题有较大的差异。由于该解集往往很大，因此不可能将所有 Pareto 最优解进行保存；实践中，只要求多目标优化算法产生一个具有一定大小的解集，并且该解集中的这些解可以在目标空间中近似代表 PF。这对多目标优化算法提出了两方面的要求：一方面，所求最优解在目标空间要尽可能地逼近 PF，解的质量不至于太差，具有收敛性；另一方面，所求最优解在目标空间中要尽可能地沿 PF 均匀分布，这样才可以给最终的决策者提供更多的选择。

　　进化多目标优化算法通过一定大小的种群表示 Pareto 最优解并力求使这些解在目标空间满足上述两个求解要求。

　　为求解多目标优化问题，自 20 世纪 60 年代开始，许多学者先后提出了多种求解多目标优化问题的方法，并运用它们有效地解决了各种实际问题。这些方法大致可以分成两类，一类是根据偏好信息将多个目标线性加权转化为一个目标，然后用单目标优化方法进行求解，如权重系数法。这类方法在优化问题的偏好信息比较明确时，实现起来简单直接，当求解之前实际工程问题的偏好信息不太明确时，该方法实现起来就比较困难，通常需要多次运算来得到不同偏好下的多个 Pareto 最优解以供选择。另一类方法是先在可行域中直接搜索 Pareto 最优解集，然后再根据偏好信息选择其中一个解作为满意解，该方法的求解目标是一个解集，即使偏好信息不太明确也不需要重新运算。实现这类方法一般采用基于群体运算的方法，因为基于种群的算法可以并行地搜索可行域的多个解，并能利用不同解之间的相似性提高其求解效率，与 Pareto 最优概念相结合，可产生真正基于 Pareto 最优概念的多目标优化的算法，实现对非劣最优解集的搜索。

第三节　多目标遗传算法

　　遗传算法基于对自然界中生物遗传与进化机理进行模仿，通过编码方式和遗传算子模仿生物遗传特性，遵循适者生存的原则，在种群中逐次搜索出一个近似最优解，是一种高效的全局随机搜索优化方法。遗传算法的理论和方法最早由美国 Michigan 大学的 Holland 于 1975 年系统地提出，后由 DeJong 和 Goldberg 等学者进一步归纳总结，于 20 世纪 80 年代初形成了遗传算法的基本框架。同传统优化方法相比,无需假设目标函数与约束函数需要连续、有导和单峰等条件,搜索过程不依赖于梯度信息,且不受搜索空间的限制和约束。在处理目标函数与约束条件无显式数学表达式的复杂非线性问题时有明显优势。

遗传算法采用种群作为基本工作单元,而一个种群则由经过基因(gene)编码(coding)的一定数目的个体(individual)组成。每个个体实际上是染色体(chromosome)带有特征的实体,由定长字符串组成,每个个体的适应度通过依赖问题目标函数的适应度函数来进行评估。遗传算法模拟达尔文的遗传选择和自然淘汰的生物更新过程,按照适者生存和优胜劣汰的原理,对种群实施基于遗传学的选择、交叉和变异三种操作,得到更优的下一代种群。经过这样一代又一代的不断进化,择优汰劣,最后获得非常优秀的群体和个体,从而得到问题的最优解。

遗传算法基本流程如图 3-2 所示。

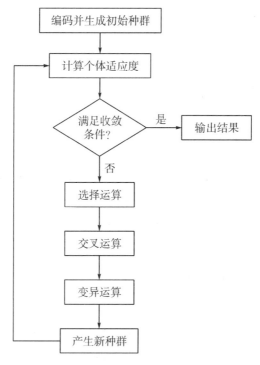

图 3-2　遗传算法流程

对于多目标优化问题,传统优化算法和标准的单目标遗传算法很难获得令人满意的优化结果。1985 年,J. D. Schaffer 首次将遗传算法引入多目标优化问题的求解；1989 年，D. E. Goldberg 提出了基于 Pareto 最优解的概念计算个体适应度的方法，借助非劣解等级的和相应的选择算子使种群在优化过程中向 Pareto 最优解的方向进化，逐渐产生了基于遗传算法 Pareto 最优解的思想——多目标遗传算法。多目标遗传算法与单目标遗传算法的基本结构和流程基本类似，两者的区别主要在于选择过程前的适值分配。遗传算法的优化过程利用的唯一信息就是适应度函数，其选取将直接影响算法的收敛速度以及最终能否找到最优解。在单目标遗传算法中，从单个目标函数值到适应度函数值的映射是非常方便的，只要给定的单个目标函数值达到最大或最小，就达到了最优。而在多目标遗传算法中，不同的多目标遗传算法也着力对这一过程进行研究与改进，以尽可能提高整个算法的搜索效率，在进行选择操作算子的实现中，我们可以基于各个子目标函数之间的优化关系进行个体的选择运算；可以对各个子目标函数进行独立的选择选算；也可以运用小生境技术；还可以把原有的多目标优化问题求解方法与遗传算法相结合构成混合遗传算法。目前有代表性的多目标遗传算法主要有：

1. MOGA

1993 年，C. M. Fonseca 和 P. J. Fleming 利用非支配排序的思想提出了一类多目标遗传算法，主要思想是个体排序的序号由个体之间的非支配关系来确定。根据排序先后按线性或非线性插值方法给不同的排序个体赋以不同的适应值，具有同一排序号的向量解共享适应值。为了保持种群多样性并使非支配解集分布均匀，采用自适应的小生境技术和受限约束杂交技术。MOGA 算法的主要优点是算法执行相对容易且效率高，缺点是算法易受小生境大小的影响。

2. 非支配排序遗传算法

非支配排序遗传算法（Non-dominated Sorting Genetic Algorithm, NSGA）是 N. Srinivas 和 K. Deb 于 1994 年提出的，该算法根据 D. E. Goldberg 提出的非支配排序方法对种群分级，并进行部分改进。NSGA 基本思想是：根据支配与非支配关系对种群中的个体进行分级排序，并且种群中的所有个体都被指定一个虚拟适应值。首先所有非支配个体被排成一类，然后忽略这组已分级的个体，对种群中的其他个体按照支配与非支配关系再进行分级，直到群体中的所有个体被分级。为了维持种群多样性，防止早熟收敛，这些被分级的同级个体共享它们的相同的虚拟适应度值，以保证同级个体有同样的复制概率。相对 MOGA 而言，NSGA 的缺点主要是计算效率较低，算法中没有采用最优个体保存策略，依赖于用户事先确定共享参数。

3. 基于 Pareto 强度进化算法

基于 Pareto 强度进化算法（Strength Pareto EvolutionaryAlgorithm，SPEA）是 E. Zitzler 和 L. Thiele 于 1999 年提出，SPEA 提出了一种精英保留策略，采用外部非支配个体集对进化种群中个体的支配情况来给个体分配适应度，能够并行找到多个 Pareto 最优解的方法。首先将当前的 Pareto 最优解存储在外部一个可更新的集合中，基于 Pareto 支配概念为个体分配排序后的适应值，群体中个体的适应度与外部辅助集中优于该个体的数目相关联，采用聚类方法或裁减算子保证外部集的非支配个体数目不超过规定范围且又不破坏其特征。为保持种群的多样性，采用了一种基于 Pareto 优于关系并且不要求任何距离参数的小生境方法。SPEA 虽然被证明具有较好的收敛性和分布性，但是它依然需要较大规模的种群来维持种群的多样性。

4. 小种群遗传算法

2001 年，A. C. Carlos 和 T. P. Gregorio 提出面向多目标优化的小种群遗传算法（Micro-genetic Algorithm，MicroGA），该算法针对小规模群体，采用两个存储区：群体存储区和外部存储区，其中外部存储区用来存放 Pareto 最优解，而群体存储区则主要是用来保持群体多样性。MicroGA 在进化过程中嵌套了多个微循环过程，每一次循环都分别对群体存储区中的可替换部分以及外部存储区进行更新，并从群体存储区中选择个体组成新的进化种群。选择操作同样采用非支配分级为个体分配适应度。为保持 Pareto 最优解集分布均匀，采用一种自适应网格技术来实现。MicroGA 的缺点是参数多，参数的选取对求解性能的影响大，需要用户事先确定。

5. 改进的非支配排序遗传算法（NSGA-II）

2002 年，K. Deb 等学者于针对 NSGA 的不足进行了改进，提出了 NSGA-II，改进主要体现在 3 个方面：一是提出了快速非支配排序法，降低了算法的计算复杂度；二是提出了拥挤度和拥挤度比较算子，代替了 NSGA 需要指定共享半径的适应度共享策略，用来作为快速排序后的同级比较的胜出标准，使 Pareto 解集均匀分布，保持了种群的多样性；三是引入精英策略，扩大采样空间，将父代种群与其产生的子代种群组合，共同竞争产生下一代种群，有利于保持父代中的优良个体进入下一代，并通过对种群中所有个体的分层存放，使得最佳个体不会丢失。

NSGA-II 的算法流程如图 3-3 所示。首先，随机初始化具有 N 个个体的种群 P_0，并将所有个体按非支配关系排序且指定一个适应度值，然后对

种群 P_0 进行选择、交叉、变异遗传操作产生子代种群 Q_0，算法进入第 2 代。以后每一代算法可以采用以下方法实现：当进入第 t 代时，将种群 P_t 和 Q_t 合并为一个具有 $2N$ 个个体的种群 R_t。其次，对种群 R_t 进行快速非支配性排序，产生一系列非支配集并计算拥挤度，按照拥挤选择算子的原则将 N 个较优个体遗传到下一代 P_{t+1}，获得新一代父种群。最后，对新产生的父种群 P_{t+1} 进行遗传算子（选择、交叉和变异）操作，产生具有 N 个个体的新的子代种群 Q_{t+1}，算法进入 $t+1$ 代。反复循环，直至收敛或进化到指定的最大进化代数。

NSGA-II 算法由于效率高、收敛性好，特别适合工程中多目标问题求解。

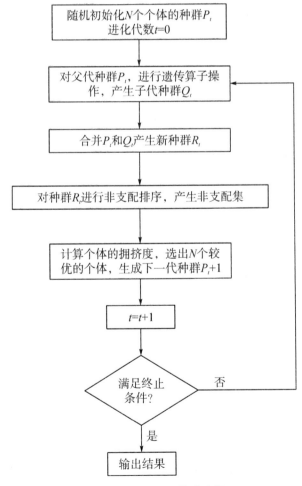

图 3-3 NSGA-II 算法流程

第四节　粒子群算法

粒子群算法（Particle Swarm Optimization，PSO）最早是在 1995 年由美国社会心理学家 James Kennedy 和电气工程师 Russell Eberhart 共同提出的。其基本思想是受他们早期对许多鸟类的群体行为进行建模与仿真研究结果的启发，源于对鸟群捕食的行为研究，已经被证明是一种很好的优化方法。其可应用于一切遗传算法能应用的场合，而且在编码和寻优策略方面，粒子群算法比遗传算法更有优势。

粒子群算法求解优化问题时，问题的解对应搜索空间粒子的位置。每个粒子的状态由两个变量描述：即当前位置 $x_i = (x_{i1}, x_{i2}, \cdots, x_{im})$ 和飞行速度 $v_i = (v_{i1}, v_{i2}, \cdots, v_{im})$。每个粒子都有一个由优化目标函数决定的适应值，对于第 i 个粒子，其所经过的历史最好位置记为 $P_i = (p_{i1}, p_{i2}, \cdots, p_{im})$，也称为个体极值 P^{best}；整个群体中所有粒子发现的最好位置记为 $P_g = (g_1, g_2, \cdots, g_m)$，也称为个体极值 g^{best}。粒子就是根据这两个极值来不断更新自己的位置和速度。基本粒子群算法的进化方程可描述为

$$v_{ij}(k+1) = w v_{ij}(k) + r_1 c_1 (p_i - x_{ij}(k)) + r_2 c_2 (g_j - x_{ij}(k))$$
$$x_{ij}(k+1) = x_{ij}(k) + v_{ij}(k+1) \tag{3-2}$$

其中，$i = 1, 2, \cdots, n$，n 表示粒子的总个数；$j = 1, 2, \cdots, m$；m 表示粒子的维数，由具体的优化问题而定；k 表示第 k 代；w 为惯性因子，取值在 $0.1 \sim 0.9$；r_1，r_2 为 $[0,1]$ 的随机数；c_1，c_2 为学习因子，通常取为 $[0,2]$。

粒子群优化算法流程如图 3-4 所示：

（1）初始化，随机产生粒子初始位置 $x_{ij}(0)$ 和初始速度 $v_{ij}(0)$；

（2）计算每个粒子的适应度 $F(k) = f(x_{ij}(k))$，其中，$f(x)$ 是目标函数；

（3）计算当前每个粒子的适应度值，并与历史最优值的适应度比较，如果更优，则将该粒子历史最优值更新为当前粒子位置；

（4）对每个粒子，将其历史最优值对应的适应度与群体历史最优值对应的适应度进行比较，若更好，则将当前位置作为新的全局最优值；

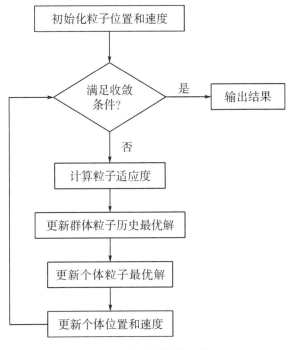

图 3-4　粒子群算法流程

（5）根据式（3-2）对粒子速度和位置进行更新，产生新的解；

（6）判断终止条件，若不满足则转第（2）步。

一、粒子群算法与其他进化算法的比较

1. 粒子群算法与其他进化算法的共同之处

粒子群算法与其他进化算法类似，均使用群体的概念，用于表示一组解空间中的个体集合。

在微粒群的每一步进化中呈现出弱化形式的"选择"机制。在（$\mu+\lambda$）的进化策略中，子代与父代竞争，若子代具有更好的适应值，则用来代替父代。而 PSO 算法的进化方程式（3-2）具有与此相类似的机制，其唯一差别在于，只有当微粒的当前位置与所经历的最好位置相比具有更好的适应值时，其微粒所经历的最好位置（父代）才会被微粒当前位置（子代）所替换。

式（3-2）所描述的速度进化方程与实数编码的遗传算法的算术杂交算子类似，在 PSO 算法的速度进化方程中，假如先不考虑速度项，就可以将该方程理解为由两个父代产生一个子代的算术杂交运算。从另一个角度，在不考虑速度项的情况下，式（3-2）也可被看作一个变异算子，其变异的强度取决于两个父代微粒间的距离，即代表个体最好位置和全局最好位置的两个微粒的距离。

2. 粒子群算法与其他进化类算法的不同之处

PSO 算法在进化过程中同时保留和利用速度与位置信息，而其他进化类算法仅保留和利用位置信息。

如果将式（3-2）看作一个变异算子，则 PSO 算法与进化规划很相似。不同的是，在每一代，PSO 算法中的每个微粒只朝向一些根据群体的经验认为是好的方向飞行，而在进化规划中可通过一个随机函数变异到任何方向。也就是说，PSO 算法执行一种有"意识"的变异。从理论上讲，进化规划具有更多的机会在最优点附近开发，而 PSO 算法则具有更多的机会更快地飞到更好解的区域。

从以上分析可以看出，基本 PSO 算法也呈现出一些其他进化类算法所不具有的特性，特别是，PSO 算法同时将微粒的位置与速度模型化，给出一组显示的进化方程，是不同于其他算法的最显著之处。

二、粒子群算法的改进

1. 利用遗传思想改进微粒群算法

（1）利用选择的方法

在一般微粒群算法中，每个微粒的最优位置的确定相当于隐含的选择机制，因此，可以引入具有明显选择机制的改进微粒群算法，仿真结果表明算法对某些测试函数具有优越性。改进算法使用的算子为锦标赛选择算子（tournament selection method），算法流程为：从种群中选择一个个体。将该个体的适应度与种群中其他个体的适应度逐一进行比较，如果当前个体的适应度优于某个个体的适应度，则每次授予该个体 1 分。对每一个体重复这一过程。根据前一步所计算的分数对种群中的个体由大到小进行排序。选择种群中顶部的一半个体，并对它们进行复制，取代种群底部的一半个体，在此过程中最佳个体的适应度并未改变。

（2）借鉴杂交的方法

学者 Angeline 提出一种杂交微粒群算法，微粒群中的微粒被赋予一个杂交概率，这个杂交概率是由用户决定的，与微粒的适应值无关。在每次迭代中，依据杂交概率选取指定数目的微粒放入一个池中。池中的微粒随机地两两杂交，产生相同数目的子代，并用子代微粒取代父代微粒，以保证种群的微粒数目不变。研究结果表明杂交操作降低了单峰值函数的收敛率，因此，应用了杂交算子的 PSO 比原始 PSO 效率更低。但是，在拥有多个局部最小值的函数中情况恰恰相反。

（3）借鉴变异的方法

标准粒子群算法在优化前期中收敛速度很快，但在优化后期中收敛速度很慢，因而导致收敛精度低。这主要是粒子群难以摆脱局部极值的原因。很多学者提出了许多改进方法，如变异的 PSO。但是这些策略主要用于调整变量 x_{ij}。

在标准粒子群算法中，粒子可以通过两种途径摆脱局部极值：（a）粒子在聚集过程中发现比 Gbest 更优的解，但在这一过程中发现更优解的概率较小，因为 PSO 已经陷入了局部极值；（b）调整个体极值和全局极值，使所有微粒飞向新的位置，经历新的搜索路径和领域，因此发现更优解的概率较大。通过调整变量 x_{ij} 来优化标准粒子群算法的方法属于情况（a），以适应度方差作为触发条件同时根据当前最优解的大小来确定当前最佳粒子的变异概率。

2. 利用小生境思想所作的改进

（1）基于动态领域的改进粒子群算法

基本微粒群中的 LBEST 模型，根据微粒的下标将微粒群分割成若干个相邻的区域。在每次迭代中，种群中一个微粒到其他微粒的距离都会被计算出来，并用变量 d_{max} 来标记任何两个微粒之间距离的最大值。对于每一个微粒来说，d_{max} 的比值也被计算出来，这个比值可用来作为选择相邻的微粒的依据，利用较小比值或较大比值作为选择依据。基于该想法，P. N. Suganthan 于 1999 年提出了一种基于领域思想的微粒群算法，其基本思想是在算法开始阶段，每个个体的领域为其自身，随着代数的增长，其领域范围也在不断增大至整个种群。

（2）一种保证种群多样性的微粒群算法

为了避免粒子群算法所存在的过早收敛问题，J. Riget 提出了一种保证种群多样性的微粒群算法。该算法引入"吸引"和"扩散"两个算子，动态调整"勘探"与"开发"比例，从而能更好地提高算法效率。

寻求性能优良的优化算法并使之能可靠收敛于问题的全局最优解，这一直是优化领域孜孜以求的研究目标及热点。尽管目前已有的各种优化算法，如：GA、ES、EP 等，已被成功地应用于各种优化问题及实际工程领域，但是当面对复杂的优化问题时，其不可避免地存在着早熟、收敛速度慢等缺陷。PSO 算法虽然已被证明是一种高效、简单的全局优化算法，但是随着目标问题的复杂化，同样也存在着上述缺陷。

第五节　基于代理模型和遗传算法的优化

在工程多目标优化问题中，式（3-1）中的目标函数 $f(x)$、不等式约束 $g(x)$ 和等式约束 $h(x)$ 通常不具有显式的数学表达式，各目标值以及约束值需要采用某种复杂的计算模型得到，如有限元计算模型、计算流体力学等。这些复杂模型的求解时间一般较长，如电磁场有限元仿真模型的计算时间一般为几个小时甚至几十个小时。于是为了提高优化效率，在优化过程中通常采用代理模型来替代这些复杂的仿真计算模型。基于代理模型的优化模型表示为

$$\min F = \left[Y_1^*, \ Y_2^*, \ \cdots, \ Y_i^*, \ \cdots, \ Y_n^* \right], \quad Y_i^* = f_i(x) \, i = 1, \ 2, \ \cdots, \ n$$

$$\text{s.t.} \quad \left\{ G_j^* = g_j(x) \right\} \leqslant 0 \quad j = 1, \ 2, \ \cdots, \ l$$

$$\left\{ H_j^* = h_j(x) \right\} = 0 \quad j = 1, \ 2, \ \cdots, \ m$$

$$x_{j\min} \leqslant x_j \leqslant x_{j\max}, \quad j = 1, \ 2, \ \cdots, \ k. \tag{3-3}$$

式（3-3）中，Y_i^*，G_j^* 和 H_j^* 分别为第 i 个目标函数和第 j 个约束函数的代理模型。

一、基于代理模型和遗传算法的优化方法流程

在这以构建 SVR 代理模型为例，提出基于代理模型的优化设计方法流程，具体说来就是在构建了 SVR 代理模型的基础上，采用 GA 求解，它将试验设计、SVR 和 GA 计算方法耦合。首先利用试验设计选取合适的设计参数样本，通过实验或数值仿真获得响应输出样本；其次利用 MATLAB 语言编制的 SVR 程序构建具有自动参数优化功能的支持向量回归机代理模型；将支持向量机代理模型作为优化问题的目标函数和约束函数；最后利用 GA 程序计算优化模型的最优值。

　　基于支持向量机代理模型的遗传优化算法流程如框图 3-5，内容包括如下两点。

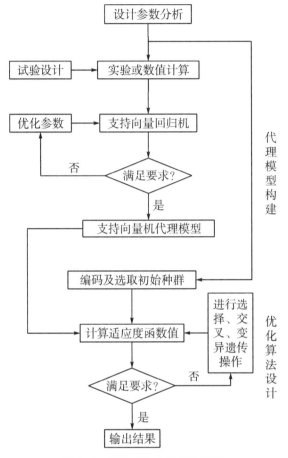

图 3-5　SVR-GA 方法基本流程

　　（1）试验设计：筛选具有重要影响程度的变量作为设计变量，选取试验设计方法，设计训练样本。

　　（2）SVR 参数优化：SVR 参数 C、σ 和 ε 的取值与学习样本和实际问题相关。参数 C 是在结构风险和样本误差之间做出折衷，其取值与可容忍的误差相关，较大的 C 值允许较小的误差，较小的 C 值则允许较大的误差。核宽度 σ 与学习样本的输入空间范围或宽度相关，样本输入空间范围越大，σ 取值越大；反之，样本输入空间范围越小，则 σ 取值越小。不敏感参数 ε 则与噪声水平相关，其取值一般与噪声水平成比例关系，实际应用中常常根据预先估计的噪声水平来确定参数 ε。对于多变量回归问题，

参数 ε 取值范围由下式决定

$$\varepsilon \in [0, 5\overline{\sigma}], \quad \overline{\sigma}^2 = \frac{k\,l^{1/5}}{k\,l^{1/5} - 1} \sum_{i=1}^{l} (y_i - \hat{y}_i)^2 \tag{3-4}$$

其中，通常 $k=3$。

l——样本数据数量。

$\hat{y}_i$——令 $\varepsilon = 0$ 训练 SVR 回归模型，得到对应各输入的输出。

惩罚参数 C 按下式给定最小值向上取值

$$C_{\min} = \max|\overline{y} + 3\sigma|, \quad |\overline{y} - 3\sigma| \tag{3-5}$$

式中，$\overline{y}$ 和 σ——数据集中 y 的均值和方差。

无先验知识的数据集核函数首选 RBF 核函数，RBF 核函数形式为

$$K(x, x_i) = \exp\left(-\frac{\|x - x_i\|^2}{2\sigma^2}\right) \tag{3-6}$$

核参数 σ 影响数据在高维特征空间中分布的复杂度。从核函数形式可以看出的核宽度 σ 取值与 x 范围有关，对于 d 维变量回归问题，确定 RBF 核函数各维变量核宽度 σ 取值范围为

$$\sigma^i = (0.1 \sim 1) * \|x_{\max}^j - x_{\min}^j\|, \quad i = 1, 2, \cdots, d. \tag{3-7}$$

根据实际问题确定 SVR 参数的取值范围，采用遗传算法优化得到最合适的 SVR 参数值。

（3）构建 SVR 代理模型：目标函数与约束条件的近似，即通过训练样本构造支持向量回归机代理模型。

（4）模型更新：若代理模型的逼近精度不满足要求，则增加新的训练样本，重新构建模型，直至模型精度达到要求。

（5）优化求解：采用遗传算法对基于支持向量回归机代理模型的优化问题在设计空间全局寻优。

二、应用实例：微波功率分配器结构优化

本算例以机载雷达中天馈系统的微波功率分配器结构优化为例，微波功率分配器是将输入信号功率分成相等或不等的几路功率输出的一种多端口无源微波网络，用于功率分配或功率合成，是高频电路中使用最为广泛的微波器件之一。

微波功率分配器结构如图 3-6 所示。它是这样一种网络：当输出端口都匹配时，它具有无耗的有用特性，只是耗散了反射功率。它可用于功率分配或功率合成，当信号从端口 1 输入，从端口 2 、端口 3 输出时为功率

分配器；当信号从端口 2 、端口 3 输入，从端口 1 输出时为功率合成器。该结构的功率分配器可以方便地采用微波波导实现。

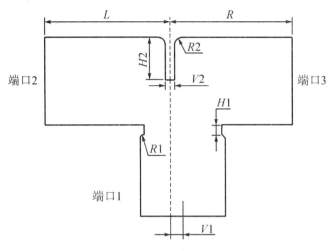

图 3-6 功分器结构示意

本例的功分器优化设计的理想目标是功率等分，且无损耗，即两输出端口的幅度比、相位差以及驻波值分别满足 0.5，0 和 1。设计变量有 L、R 等 10 个（见图 3-7），设计变量的取值范围如表 3-1 所示。

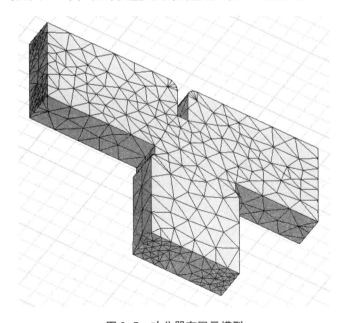

图 3-7 功分器有限元模型

1. 均匀试验设计进行样本选择

本算例选用均匀试验设计采样数据试验点，首先对功分器的各设计变量均取 25 水平，进行 10 因子 25 水平均匀试验设计，获得 25 组设计变量的数据作为高频电磁场有限元软件 HFSS 的输入，分别计算出功分器的驻波、幅度比和相位差，图 3-7 是功分器有限元模型。同理，再设计一个 10 因子 11 水平的均匀试验设计，获得 11 组数据。然后分别对 25 组学习数据和 11 组校验数据作归一化处理，从而获取 SVR 的学习样本和校验样本。

表 3-1 设计变量的取值范围

设计变量	最小值/mm	最大值/mm
L	6.8	9.2
R	6.8	9.2
$H2$	2.6	2.7
$H1$	0.48	0.72
$R1$	0.15	0.25
$V1$	0.75	0.85
$R2$	0.38	0.62
$V2$	0.48	0.72
A	5.5	6.5
B	1	2

表 3-2 给出了通过均匀设计和有限元分析后的部分训练样本。

表 3-2 部分 SVR 训练样本

序号	L/mm	R/mm	$H2$/mm	$H1$/mm	$R1$/mm	$V1$/mm	$R2$/mm	$V2$/mm	A/mm	B/mm	驻波	幅度比	相位差/^{0}C
1	6.8	6.9	2.608	0.55	0.196	0.804	0.53	0.65	6.25	1.833	1.304	0.718	−15.331
2	6.9	7.1	2.621	0.63	0.246	0.758	0.44	0.58	6	1.667	1.239	0.670	−15.695
3	7	7.3	2.633	0.71	0.192	0.817	0.6	0.51	5.75	1.5	1.181	0.589	−16.649
4	7.1	7.5	2.646	0.54	0.242	0.771	0.51	0.69	5.5	1.333	1.041	0.516	−14.908
5	7.2	7.7	2.658	0.62	0.186	0.829	0.42	0.62	6.292	1.667	1.293	0.717	−28.616

2. 代理模型训练

根据样本数据规模和输入变量维数，结合上文理论，确定 SVR 三个参数的范围为 $C \in [0, 50]$；$\varepsilon \in [0, 0.1]$；$\sigma \in [0, 0.1]$。

遗传算法自动寻优时，控制参数设置初始种群大小 100，最大代数 20，交叉率 0.4，变异率 0.1。获得 3 个参数的优化结果为 $C=33.5$；$\sigma = 0.036$；$\varepsilon = 0.098$。

构建 SVR 模型，并将检验数据对该模型进行精度评估，得到 SVR 代理模型的均方误差（MSE）和最大绝对误差（MAE）。为了与其他代理模型法比较，在相同的样本基础上，采用 BP 神经网络建立了驻波、幅度比和相位差的代理模型。表 3-3 给出了代理模型训练的效果。

表 3-3 代理模型训练效果

代理模型	SVR 代理模型		BPNN 代理模型	
	MAE	RMSE	MAE	RMSE
驻波	0.091	0.094 774	0.121	0.126 346
幅度比	0.075	0.076 165	0.096	0.107 791
相位差	0.529	0.087 828	0.872	0.112 135

表 3-3 的结果充分表明 SVR 建立了正确的函数非线性映射关系。

3. 基于 SVR-GA 方法的优化计算

功分器优化目标为幅度比、相位差以及驻波值满足某一理想固定值。因此该问题属于多目标优化问题。这里采用权重系数变换法，对三个目标函数赋予相同的权重，从而转化为单目标优化问题。

利用 GA 进行优化，取种群数为 100，交叉率 0.5，变异率 0.001，进行 200 代计算。

优化结果为：$L = 8.213\text{mm}$；$R = 7.875\ 4\text{mm}$；$H2 = 2.659\ 8\text{mm}$；$H1 = 0.587\ 62\text{mm}$；$R1 = 0.211\ 17\text{mm}$；$V1 = 0.818\ 49\text{mm}$；$R2 = 0.501\ 74\text{mm}$；$V2 = 0.594\ 57\text{mm}$；$A = 5.484\ 4\text{mm}$；$B = 1.498\ 1\text{mm}$。

表 3-4 给出了 GA 优化的幅度比、相位差、驻波结果和理想性能目标值的比较。为了分析模型的精度对优化设计结果的影响，采用 BP 神经网络模型进行优化求解。表 3-4 表明，基于支持向量机替代模型的 GA 优化结果比 BP 神经网络模型更接近理想值，代理模型精度的高低决定了最终优化结果的好坏。为验证所建立的支持向量机代理模型的计算效率，将优

化的结构进行电磁场有限元数值计算，给出了有限元模型和支持向量机替代模型的计算时间比较。结果表明，基于支持向量机替代模型的计算效率为有限元模型的几千倍，且比 BP 神经网络模型稍好，有利于大规模优化迭代计算。

表 3-4   优化结果和计算效率对比

代理模型	幅度比	相位差	驻波	计算时间
SVR 代理模型	0.504 9	-1.445 8	1.014 2	0.018
BPNN 代理模型	0.505 6	-1.831 5	1.021 7	0.21
有限元计算值	0.496 5	1.033 3	1.008 3	31
理想性能目标	0.5	0	1	—

三、应用实例：钛合金铣削加工参数优化

钛合金材料具有抗高温、高强度、耐磨性好、抗腐蚀性能好等优良特性，广泛应用到航空航天、汽车、铁路交通、化工、石油、医疗等领域。同时钛合金材料具有弹性模量小、导热性差和加工硬化严重差等特点，属于难加工材料，因此研究钛合金加工尤其是铣削加工性能，优化加工工艺参数，对提高加工效率和控制质量，降低制造成本，促进钛合金应用具有重要的实际意义。

首先建立准确的钛合金铣削加工有限元计算模型，结合试验设计方法构建了切削力支持向量机预测模型，在预测模型的基础上建立以材料去除率为目标的优化模型，采用遗传算法求优的铣削工艺参数优化。

1. 钛合金铣削加工有限元分析

在构建钛合金有限元计算模型时，一般选择 Johnson-Cook 模型作为本构模型，因为 Johnson-Cook 模型是一种应用于大应变、高应变速率、高温变形的本构模型，应用于各种晶体结构材料时具有很好效果。首先建立正交切削有限元几何模型，这里取钛合金材料尺寸长 50mm、宽 20mm，刀具前角为 10°、后角为 6°，切削刃钝圆半径 rn 为 0.001mm，材料特性参数中，密度 4.45g/cm^3、弹性模量 103GPa、热传导系数 6.8W/m·K、比热容 611J/kg·K，泊松比 0.3，刀具假定为刚体。建立的钛合金有限元计算模型如图 3-8 所示。

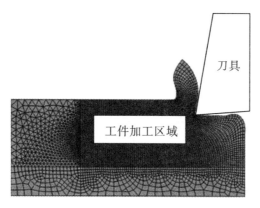

图 3-8　钛合金有限元分析模型

通过计算分析，得到了给定的切削参数下切削力随时间的变化曲线，如图 3-9 所示。可以看出在初始切削时受切削震动影响，切削力增加幅度大，随后进入塑性切削，切削力减小并很快趋于稳定，由于节点不断分离，切削力不断出现小范围波动，我们取稳定后的平均值作为切削力。

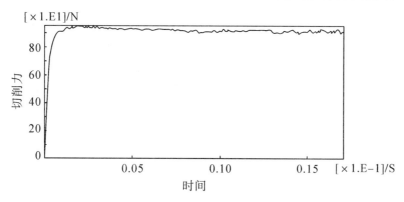

图 3-9　时间—切削力变化

2. 切削力预测模型构建

要构建钛合金切削参数与切削力支持向量回归代理模型，首先进行切削参数分析，确定影响切削力的主要切削参数，采用实验设计方法进行样本布点，通过前述的有限元分析计算获得训练样本和检验样本；建立支持向量机回归模型；选取输入输出测试样本，判断模型的准确度，如不满足要求则继续增加样本重构模型。

3. 试验设计

经大量研究和分析发现，影响在钛合金铣削过程中切削力大小的主要因素包括切削速度、铣削深度、每齿进给量和铣削宽度四个加工参数。为减少试验次数，选用多因素正交试验设计方法进行样本步点，采用 $L_{16}^{(44)}$ 正交表进行试验，采用有限元计算方法得到 16 组数据作为构建代理模型的训练样本，如表 3-5 所示。

表 3-5 训练样本

试验序号	铣削深度 a_r /mm	每齿进给量 z （m/min）	切削速度 v （m/min）	铣削宽度 a_i /mm	切削力 （N）
1	1.4	0.06	100	11	405
2	1.4	0.14	80	5	122
3	1.4	0.02	120	8	189
4	1.4	0.1	60	14	415
5	1	0.06	60	8	300
6	1	0.14	120	14	479
7	1	0.02	80	11	139
8	1	0.1	100	5	275
9	0.6	0.14	60	11	375
10	0.6	0.06	120	5	233
11	0.6	0.1	80	8	181
12	0.6	0.02	100	14	82
13	0.2	0.14	100	8	133
14	0.2	0.06	80	14	28
15	0.2	0.1	120	11	129
16	0.2	0.02	60	5	23

将训练样本对支持向量机进行学习，并进行检验，通过建立的支持向量机模型的切削力预测值与试验值进行对比，切削力预测值与试验值对比曲线如图 3-10 所示。

图 3-10 可看出试验值和 SVR 模型预测值结果变化趋势一致，为了说明支持向量机模型的准确度，采用同样的样本对 BP 神经网络模型进行训练，获得 BPNN 模型切削力预测值与试验值对比曲线如图 3-11 所示。由图可知，构建的 SVR 模型预测值与试验值吻合效果明显要比 BPNN 模型好得多。

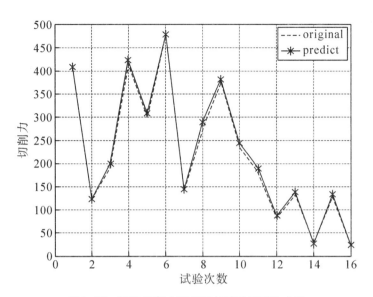

图 3-10　SVR 切削力预测值与试验值对比曲线

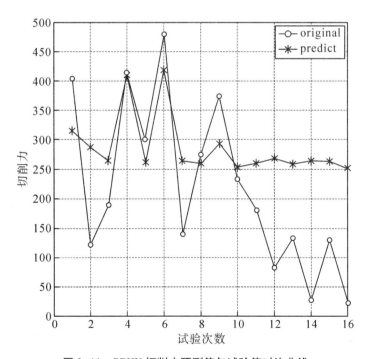

图 3-11　BPNN 切削力预测值与试验值对比曲线

表 3-6 为 SVR 模型预测值与 BPNN 模型预测值与试验值的对比表，可以看出 SVR 模型相对误差在 5%以内，而 BPNN 模型某些局部预测值的相对误差很大，说明在小样本，高维情况下建立的基于 SVR 切削力预测模型精度更高、更有效。

表 3-6　试验值、SVR 模型预测值与 BPNN 模型预测值对比表

试验序号	试验值（N）	SVR 预测值（N）	相对误差（%）	BPNN 预测值（N）	相对误差（%）
1	405	410.29	1.31	316.6	21.8
2	122	124.01	1.65	286.9	135.2
3	189	196.61	4.02	264.9	40.2
4	415	426.59	2.79	410.6	1.1
5	300	306.19	2.06	260.1	13.3
6	479	478.92	0.02	418.2	12.7
7	139	142.71	2.67	264.1	90.1
8	275	288.59	4.94	259.5	5.6
9	375	385.29	2.74	293.3	21.8
10	233	244.49	4.93	253.5	8.8
11	181	188.11	3.93	259.7	43.5
12	82	85.41	4.16	267.4	226.1
13	133	138.31	3.99	259.4	95.1
14	28	27.41	2.11	263.9	842.5
15	129	134.51	4.27	262.9	103.8
16	23	23.47	2.04	251.9	995.2

4. SVR-GA 优化算法流程

在钛合金铣削加工过程中，切削用量的选择受到很多条件的影响。若采用以往的参数优化方法，不但计算时间长，还可能只能得到局部优化解，得不到整体的优化解。本书采用支持向量机代理模型替代传统的优化函数的基础上，以切削力为优化的目标对切削加工参数进行优化，并以应用较为广泛的遗传算法对优化模型求解的方法，即 SVR-GA 方法，其基本流程如图 3-12 所示。

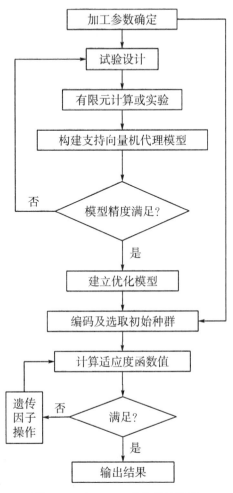

图 3-12 SVR-GA **优化算法流程**

钛合金铣削加工优化目标有材料去除率、加工效率、刀具寿命等，这都与加工参数有关。本书以材料去除率最小为目标函数，以切削力、刀具寿命、零件表面粗糙度和机床自身条件为约束函数，以切削速度、铣削深度、每齿进给量和铣削宽度四个加工参数为优化变量，以 X 表示，则优化模型表示为

$$\min F = f^*(X)$$
$$\text{s. t. } g_1^*(X) \leqslant F_{\max}$$
$$g_2^*(X) \leqslant R_{\max}$$
$$g_3^*(X) \leqslant T_{\min}$$

$$X = \begin{bmatrix} x_1, & x_2, & x_3, & x_4 \end{bmatrix}^T \qquad (3-8)$$

式（3-8）中，$f^*(X)$、$g_1^*(X)$、$g_1^*(X)$ 分别表示材料去除率、刀具寿命、表面粗糙度的 SVR 预测值，其样本数据由实验测量而来，$g_1^*(X)$ 表示切削力预测值，F_{max} 表示可允许最大切削力，与机床功率有关，R_{max} 表示表面粗糙度最大允许值，T_{min} 表示刀具最小寿命。

利用 GA 进行优化，取种群数为 120，交叉率 0.5，变异率 0.001，进行 200 代计算。

计算得到加工参数最优结果为：切削速度 = 86m/min、铣削深度 = 0.92mm、每齿进给量 = 0.065m/min、铣削宽度 = 12.6mm，将得到的 SVR-GA 算法优化结果做钛合金铣削试验和有限元计算，得到实际验证值，然后将 SVR-GA 算法优化结果与有限元验证结果进行对比，对比结果如表 3-7 所示，表中第 4 列为 SVR-GA 算法优化结果相对于有限元验证值的误差。

表 3-7　SVR-GA 算法优化结果验证

分类	SVR-GA 算法优化结果	验证试验值	相对误差/%
材料去除率/$mm^3 \cdot min^{-1}$	417.36	420.81	0.83
切削力/N	870.03	876.07	0.69
表面粗糙度/μm	0.63	0.61	3.2
刀具寿命/min	36.53	38.19	4.5

由表 3-7 可看出，本书采用的 SVR-GA 算法结果与实际测量准确验证相比，具有很高的计算精度，材料去除率、刀具寿命、零件表面粗糙度和切削力的相对误差均小于 5.0%，实际应用中可以根据自身设备条件和工艺要求选择切削参数进行加工。因此，将 SVR-GA 算法应用到钛合金铣削加工参数优化具有很好的工程实用价值。

5. 结论

总之，基于代理模型和遗传算法的优化设计方法，通过试验设计和有限元计算生成训练样本，构建高精度代理模型替代优化模型的目标函数或约束函数，采用遗传算法对其优化模型求解。有限元分析计算、样本布点设计、代理模型构建和遗传优化过程可实现完全分离，计算量小，该算法可用于解决各种结构优化、工艺参数优化等问题，准确、高效、可行，具有较好的推广价值。

第六节 基于 SVR-NSGAII 的优化

采用遗传算法来求解多目标优化问题时，往往采用权重系数法，这类方法的优点在于继承了求解单目标优化问题的一些成熟算法的机理，当有充分的偏好信息时，可以快速得到最优解；但是当偏好信息不够充分时，往往需要获得满足不同偏好的多个最优解，从而需要运行多次优化过程，由于各次优化过程相互独立，往往得到的结果很不一致，令决策者很难有效地决策，而且要花长时间，因此对于大规模复杂问题，权重系数法未必适用。

改进的非支配排序遗传算法（NSGA-II）的效率高、收敛性好，可以在单次优化过程中找到满足不同偏好的多个最优解，特别适合工程中多目标问题求解。为此，我们将支持向量回归代理模型与 NSGA-II 相结合，对式（3-3）的优化模型进行求解。

一、NSGA-II 性能测试

下面以一个典型的测试函数来测试 NSGA-II 的有效性，函数如下

$$\begin{cases} \min & f(x) = x^2 \\ \min & f(x) = (x-2)^2 \end{cases} \quad x \in [0, 2] \quad (3-9)$$

该优化问题中，两个目标函数之间存在着明显的竞争关系，若要让一个目标函数取得较小值时，则另一个目标函数将获得一个较大的值，即一个目标函数的优化效果得到改善，则另一个目标函数优化效果就会减弱，因此这一优化问题得不到唯一的最优解，而是一组由多个不存在相互支配关系的 Pareto 解集。这是一个典型的多目标优化问题，大部分多目标优化算法都采用它测试有效性。

优化参数设定如下：算法的最大进化代数为 20，种群大小为 30，交叉概率为 0.9，变异概率为 0.01。优化结果如图 3-13 所示。

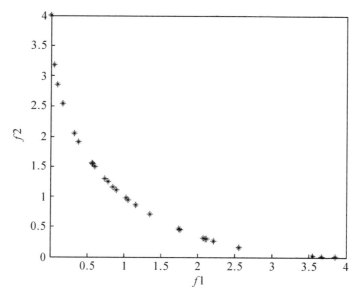

图 3-13　NSGA-II 优化的 Pareto 解集

由图 3-13 可看出，NSGA-II 使用较小的种群规模和迭代次数就能获得较好的 Pareto 前沿质量。随着进化代数的增加，得到的 Pareto 前沿更为均匀。结果说明，NSGA-II 求解该问题的多目标优化问题是非常有效的。

二、SVR-NSGAII 算法流程

为解决复杂工程中的多目标优化问题，本书提出采用支持向量回归机构建优化问题目标函数和约束函数的代理模型；然后利用 NSGA-II 多目标遗传算法对代理优化模型求解的方法，即 SVR-NSGAII 方法。基于 SVR-NSGAII 方法的基本流程如框图 3-14 所示，主要流程如下：

（1）试验设计：筛选具有重要影响程度的变量作为设计变量，选取试验设计方法，设计训练样本。

（2）SVR 参数优化，具体方法见前述内容。

（3）构建 SVR 代理模型：目标函数与约束函数的近似，即通过训练样本和优化好的参数构造支持向量回归机代理模型。若代理模型的逼近精度不满足要求，则每次迭代优化结果作为新增的训练样本，更新模型，提高精度。

（4）NSGA-II 多目标优化：采用 NSGA-II 对基于 SVR 代理模型的优化问题在设计空间搜索，以 Pareto 解集的分布均匀性和多样性来评价

Pareto 解集质量，若满足要求，输出 Pareto 解集；不满足要求，则增加种群和最大进化代数，返回步骤 3，重新优化求解。

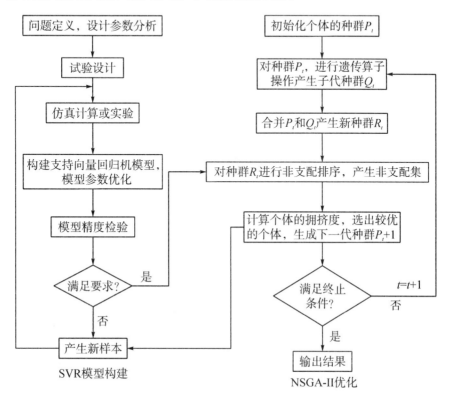

图 3-14　SVR-NSGAII 方法的流程

（5）根据偏好信息，选取满意解。

三、应用实例：微波功率分配器结构优化

本算例仍以机载雷达中天馈系统的微波功率分配器结构优化为例，功分器优化设计的理想目标是功率等分，且无损耗，即两输出端口的幅度比、相位差以及驻波值分别满足 0.5、0 和 1。设计变量有 L、R 等 10 个（见图 3-5），设计变量的取值范围如表 3-1 所示。

利用 NSGA-II 方法进行多目标优化时，选用浮点数编码方式，设定算法的种群大小为 30，进化代数为 50，交叉概率为 0.9，变异概率为 0.01。图 3-15 为进化到 50 代时得到了 Pareto 解集，对应的 Pareto 解集如表 3-8 所示。

101

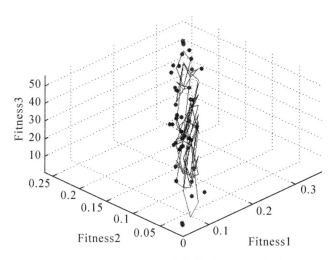

图 3-15　SVR-NSGAII 优化得到的 Pareto 解集

表 3-8　SVR-NSGAII 优化得到的 Pareto 解集

序号	驻波（Fitness1）	幅度比（Fitness2）	相位差（Fitness3）
1	0. 340 41	0. 249 29	−2. 454
2	0. 277 76	0. 188 07	4. 119
3	0. 328 64	0. 224 51	6. 463
4	0. 315 5	0. 218 44	−5. 442
5	0. 040 855	0. 008 407	12. 204 8
6	0. 147 75	0. 095 993	5. 774
7	0. 113 52	0. 027 649	−11. 946
8	0. 277 24	0. 210 75	−5. 171
9	0. 164 66	0. 125 02	10. 117
10	0. 218 9	0. 175 58	−8. 524
11	0. 296 98	0. 181 11	7. 421
12	0. 278 32	0. 214 18	−3. 268
13	0. 350 32	0. 264 97	1. 017
14	0. 248 09	0. 189 31	6. 873 2
15	0. 322 58	0. 244 72	−2. 066
16	0. 063 233	0. 028 701	−11. 811 2

表3-8(续)

序号	驻波（Fitness1）	幅度比（Fitness2）	相位差（Fitness3）
17	0.228 64	0.141 01	−5.092
18	0.239 38	0.171 53	4.845
19	0.188 74	0.108 38	8.601 8
20	0.185 04	0.108 9	−8.201
21	0.175 81	0.091 45	3.953
22	0.237 63	0.169 4	−5.2
23	0.189 96	0.141 47	6.863 7
24	0.259 95	0.182 18	4.663
25	0.168 41	0.099 98	−3.714
26	0.121 61	0.057 939	9.575 2
27	0.275 42	0.209 82	2.464
28	0.202 4	0.129 38	−4.407
29	0.286 5	0.190 12	3.974
30	0.088 151	0.035 294	10.983

根据实际需要我们可以从表3-8中选取满意解，比如要求幅度比取较好值，可以选取序号为5的解作为满意解。

第七节　基于代理模型和粒子群算法的优化

遗传算法通过对自变量进行编码，然后反复进行遗传迭代，通过对比每一次迭代所得的适应度函数值进行比较来寻优，同时依靠变异来跳出局部最优解，从而保证能够搜索到全局最优解。从遗传算法的原理可以看出，在寻优过程中不需要用到函数的梯度信息，所以非常适合求解诸如BPNN和SVR这类代理模型替代隐函数问题的最优问题。

然而，遗传算法需要进行编码、交叉和变异等复杂的操作，因此存在着收敛速度慢、易陷入局部极小值等缺点。

针对遗传算法的缺点，我们可以采用粒子群算法对基于SVR代理模型优化问题进行求解。

一、SVR 代理模型和粒子群算法的优化方法流程

支持向量回归机代理模型建立之前，首先要选取样本点，并通过数值计算得到这些样本点的响应值。样本点选取的好坏对后面的近似分析起着非常重要的作用。目的是以最少的实验数来获取响应和因素之间最多的信息，以便快速准确地初始化代理模型。

基于支持向量机代理模型和粒子群优化算法的优化过程如下：

（1）试验设计：筛选具有重要影响程度的变量作为设计变量，选取试验设计方法，设计训练样本；

（2）构建 SVR 代理模型：目标函数与约束条件的近似，即通过训练样本构造支持向量回归机代理模型；

（3）更新模型：若代理模型的逼近精度不满足要求，通过增加仿真分析，及时更新模型、提高精度。

（4）优化求解：采用粒子群优化算法对基于支持向量回归机代理模型的优化问题在设计空间全局寻优。

基于支持向量回归机代理模型的粒子群优化算法流程如图 3-16 所示。

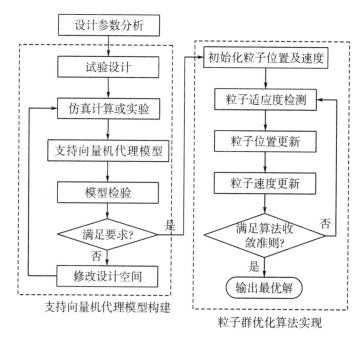

图 3-16　SVM-PSO 方法的基本流程

二、应用实例：微波功率分配器结构优化

本算例仍以机载雷达中天馈系统的微波功率分配器结构优化为例，功分器优化设计的理想目标是功率等分，且无损耗，即两输出端口的幅度比、相位差以及驻波值分别满足 0.5，0 和 1。设计变量及取值范围如表 3-1 所示。

（1）适应度函数

以表 3-2 均匀试验设计所得样本数据和基于高频电磁场有限元软件 HFSS 模拟结果分别构建幅度比、相位差、驻波 3 个 SVR 代理模型，模型的精度见表 3-3。

（2）基于 SVR-PSO 方法的优化计算

功分器优化属于多目标优化问题。采用权重系数变换法，对三个目标函数赋予相同的权重，转化为单目标优化问题。

粒子群算法优化参数设置：粒子数目 = 30，迭代次数 = 200，粒子最大速度 = 4，学习因子 $c_1 = c_2 = 2$，惯性权重系数 $w = 0.9$。

利用 PSO 进行优化，优化结果为：$L = 8.211$mm；$R = 7.876$mm；$H2 = 2.641$mm；$H1 = 0.588$mm；$R1 = 0.212$mm；$V1 = 0.817$mm；$R2 = 0.502$mm；$V2 = 0.595$mm；$A = 5.483$mm；$B = 1.498$mm。

表 3-9 给出了 PSO 优化的幅度比、相位差和驻波结果和理想性能目标值的比较。结果表明通过 PSO 算法能准确找到最优设计值。为了验证所建立的支持向量机代理模型的计算效率，将优化的结构进行电磁场有限元数值计算，表 3-9 给出了有限元模型和支持向量机代理模型的计算时间比较。结果充分说明基于支持向量机代理模型具有高的逼近精度，模型计算效率为有限元模型的几千倍，非常有利于大规模优化迭代计算。

表 3-9　优化结果和计算效率对比

分类	幅度比	相位差	驻波	计算时间/s
SVR 代理模型	0.503 6	−1.363 5	1.019 3	0.018
有限元模型	0.497 2	1.052 1	1.010 7	31
理想值	0.5	0	1	——

三、应用实例：钛合金铣削加工参数优化

首先建立准确的钛合金铣削加工有限元计算模型，结合试验设计方法

构建了切削力支持向量回归预测模型，模型建立方法和前面描述的一样，在预测模型的基础上建立以材料去除率为目标的优化模型，采用粒子群算法求解的铣削工艺参数的优化。

（1）基于 SVR-PSO 切削参数优化

钛合金铣削加工优化目标有材料去除率、加工效率、刀具寿命等，这些都与加工参数有关。本书以材料去除率最小为目标函数，以切削力、刀具寿命、零件表面粗糙度和机床自身条件为约束函数，以切削速度、铣削深度、每齿进给量和铣削宽度四个加工参数为优化变量，以 X 表示，则优化模型表示为

$$\min F = f^*(X)$$
$$\text{s. t. } g_1^*(X) \leqslant F_{\max}$$
$$g_2^*(X) \leqslant R_{\max}$$
$$g_3^*(X) \leqslant T_{\min}$$
$$X = \begin{bmatrix} x_1, & x_2, & x_3, & x_4 \end{bmatrix}^T \tag{3-10}$$

式（3-10）中，$f^*(X)$、$g_1^*(X)$、$g_2^*(X)$、$g_3^*(X)$ 分别表示材料去除率、刀具寿命、表面粗糙度、切削力的 SVM 预测值，$F_{\max}$ 表示可允许最大切削力，与机床功率有关，$R_{\max}$ 表示表面粗糙度最大允许值，$T_{\min}$ 表示刀具最小寿命。

粒子群算法的参数设置为采用惯性权重递减策略，由 0.9 递减到 0.4，种群规模数 30，进行 100 代计算，即算法停止条件为迭代次数 3 000。

计算得到加工参数最优结果为：切削速度 = 86.6m/min、铣削深度 = 0.91mm、每齿进给量 = 0.069m/mm、铣削宽度 = 12.2mm，将得到的 SVR-PSO 算法优化结果做钛合金铣削试验和有限元计算，得到实际验证值，然后将 SVR-PSO 算法优化结果与有限元验证结果进行对比，对比结果如表 3-10 所示，表中第 4 列为 SVR-PSO 算法优化结果相对于有限元验证值的误差。

表 3-10　SVR-PSO 算法优化结果验证

分类	SVR-PSO 算法优化结果	验证试验值	相对误差/%
材料去除率/$mm^3 \cdot min^{-1}$	405.62	420.81	3.6
切削力/N	857.16	876.07	2.2
表面粗糙度/μm	0.64	0.61	4.9
刀具寿命/min	36.34	38.19	4.5

由表 3-10 可看出，本书采用的 SVR-PSO 算法结果与实际测量准确验证相比，具有很高的计算精度，材料去除率、刀具寿命、零件表面粗糙度和切削力的相对误差均小于 5.0%，实际应用中可以根据自身设备条件和工艺要求选择切削参数进行加工，因此，将 SVR-PSO 算法应用到钛合金铣削加工参数优化具有很好的工程实用价值。

第八节　基于改进量子粒子群算法的 Kriging 代理模型优化

前面主要描述了标准粒子群算法的基本理论，下面我们介绍一种量子粒子群算法来实现优化。

一、量子粒子群算法

粒子群量子模型可描述为：令 $\varphi_{i,j}(t) = c_1(t) r_{1,j}(t) / (c_1(t) r_{1,j}(t) + c_2(t) r_{2,j}(t))$，实际中，$c_1 = c_2$，因此有 $\varphi_{i,j}(t) \sim U(0, 1)$，$1 \leqslant j \leqslant N$，则粒子收敛时以点 $p_i(t) = (p_{i,1}(t), p_{i,2}(t), \cdots, p_{i,N}(t))$ 为吸引且 $p_i(t)$ 为 p_{best} 和 g_{best} 间的随机值，其表达式为

$$p_{i,j}(t) = \varphi_{i,j}(t) P_{i,j}(t) + (1 - \varphi_{i,j}(t)) P_{g,j}(t) \tag{3-11}$$

在迭代过程中，粒子不断地靠近并最终到达点 p_i。因此，在迭代过程时，如果存在着一种势能（吸引势）在引导粒子向着 p_i 点靠近，从而保证了整个粒子群体的聚集性，而不会趋向无穷大。

基于上述的原理，孙俊等人基于 δ 势阱的量子粒子群算法（QPSO）。下面对如何建立 δ 势阱和粒子群算法在其中运动方程进行具体的描述。

在量子空间中，粒子的速度和位置是不可能在同一时间进行确定的，必须借用波函数来进行描述其速度和位置的状态信息。波函数 $\psi(\bar{r}, t)$ 定

义 $\vec{r} = (x, y, z)$ 为粒子在空间中的位置向量，则有

$$|\psi(\vec{r}, t)|^2 dxdydz = Qdxdydz \qquad (3-12)$$

$$\int_{-\infty}^{+\infty} |\psi(\vec{r}, t)|^2 dxdydz = \int_{-\infty}^{+\infty} Qdxdydz = 1 \qquad (3-13)$$

上式中，Q 为概率密度函数。

粒子在量子空间中的薛定谔方程为

$$\int_{-\infty}^{+\infty} |\psi(\vec{r}, t)|^2 dxdydz = \int_{-\infty}^{+\infty} Qdxdydz = 1 \qquad (3-14)$$

$$i\hbar \frac{\partial}{\partial} \psi(\vec{r}, t) = \hat{H}\psi(\vec{r}, t) = (-\frac{\hbar^2}{2m}\nabla^2 + V(\vec{r}))\psi(\vec{r}, t) \quad (3-15)$$

$\hbar$ 为普朗克常数，$\hat{H}$ 为哈密顿算子，$V(\vec{r})$ 为粒子所在的势场，m 为粒子质量。

为简单，考虑一个粒子在一维空间（x 轴上）的运动情况，$p_i = p$，$\vec{r} = x$，则有波函数为 $\psi(x, t)$，定义势能 $V(x)$ 为

$$V(x) = -\gamma\delta(x - p) = -\gamma\delta(y) \qquad (3-16)$$

式中，δ 狄拉克函数。

哈密顿算子改写为

$$\hat{H} = (-\frac{\hbar^2}{2m}\frac{\partial^2}{\partial y_2} - \gamma\delta(y)) \qquad (3-17)$$

假设粒子处于定态状态下，则

$$\psi(x, t) = \psi(x)\, e^{-iEt/\hbar} \qquad (3-18)$$

对应的薛定谔方程为

$$i\hbar \frac{\partial}{\partial} \psi(x)\, e^{-iEt/\hbar} = (-\frac{\hbar^2}{2m}\frac{\partial^2}{\partial y_2} - \gamma\delta(y))\psi(x)\, e^{-iEt/\hbar} \qquad (3-19)$$

则粒子在一维空间（x 轴上）的运动时，薛定谔方程解为

$$\psi(x) = \frac{1}{\sqrt{\dfrac{\hbar^2}{\gamma m}}} e^{-|y|/(\frac{\hbar^2}{m\gamma})} \qquad (3-20)$$

令，$L = \dfrac{\hbar^2}{2m}$ 则粒子在 x 轴上在指定点出现的概率密度函数 $Q(y)$ 为

$$Q(y) = |\psi(x)|^2 = \frac{1}{L} e^{-2|y|/L} \qquad (3-21)$$

则其分布为

$$F(y) = \int_{-\infty}^{y} Q dx = \int_{-\infty}^{y} \frac{1}{L} e^{-2|y|/L} dx = \begin{cases} \frac{1}{2} e^{2y/L}, & y < 0 \\ 1 - \frac{1}{2} e^{-2y/L}, & y \geqslant 0 \end{cases} \quad (3-22)$$

由薛定谔方程解，具有量子行为的粒子群算法的位置更新方程表达式为

$$X_{i,j}(t+1) = p_{i,j}(t) \pm \frac{L_{i,j}(t)}{2} \ln(1/u(t)), \ u(t) \sim U(0,1) \quad (3-23)$$

将上述结果推展至多维空间中，则将一维吸引点 p 改写为：$p_i(t) = (p_{i,1}(t), p_{i,2}(t), \cdots, p_{i,N}(t))$，在每一个坐标维度上建立以 $p_{i,j}$ 为中心的一维势阱，此时的波函数应该为

$$\psi(X_{i,j}(t+1)) = \frac{1}{\sqrt{L_{i,j}(t)}} e^{-|X_{i,j}(t+1)-p_{i,j}(t)|/(L_{i,j}(t))} \quad (3-24)$$

则其相应的概率密度函数和分布函数为

$$Q(X_{i,j}(t+1)) = \frac{1}{\sqrt{L_{i,j}(t)}} e^{-2|X_{i,j}(t+1)-p_{i,j}(t)|/(L_{i,j}(t))} \quad (3-25)$$

$$F(X_{i,j}(t+1)) = e^{-2|X_{i,j}(t+1)-p_{i,j}(t)|/(L_{i,j}(t))} \quad (3-26)$$

准确地讲，上述方程应该表达为基于条件概率的形式，则有

$$\psi(X_{i,j}(t+1) \mid p_{i,j}(t)) = \frac{1}{\sqrt{L_{i,j}(t)}} e^{-|X_{i,j}(t+1)-p_{i,j}(t)|/(L_{i,j}(t))} \quad (3-27)$$

$$Q(X_{i,j}(t+1) \mid p_{i,j}(t)) = \frac{1}{\sqrt{L_{i,j}(t)}} e^{-2|X_{i,j}(t+1)-p_{i,j}(t)|/(L_{i,j}(t))} \quad (3-28)$$

$$F(X_{i,j}(t+1) \mid p_{i,j}(t)) = e^{-2|X_{i,j}(t+1)-p_{i,j}(t)|/(L_{i,j}(t))} \quad (3-29)$$

当给定 $p_{i,j}(t)$ 后，无论是条件概率还是普通的表达式，在用 Monte Carlo 算法进行求解时是没有影响的。因此，位置更新方程为

$$X_{i,j}(t+1) = p_{i,j}(t) \pm \frac{L_{i,j}(t)}{2} \ln(1/u_{i,j}(t)), \ u_{i,j}(t) \sim U(0,1) \quad (3-30)$$

在上式，$L_{i,j}(t)$ 主要有两种表达形式：

$$L_{i,j}(t) = 2\alpha \left| p_{i,j}(t) - X_{i,j}(t) \right| \tag{3-31}$$

$$L_{i,j}(t) = 2\alpha \left| C_j(t) - X_{i,j}(t) \right| \tag{3-32}$$

其中：α 为扩张—收缩因子

$$C_j(t) = (C_1(t), C_2(t), \cdots, C_N(t)) = \frac{1}{M}\sum_{i=1}^{M} P_i(t)$$

$$= \frac{1}{M}\sum_{i=1}^{M} P_{i,1}(t), \frac{1}{M}\sum_{i=1}^{M} P_{i,2}(t), \cdots, \frac{1}{M}\sum_{i=1}^{M} P_{i,N}(t) \tag{3-33}$$

对应的位置更新表达式为

$$X_{i,j}(t+1) = p_{i,j}(t) \pm \alpha \left| p_{i,j}(t) - X_{i,j}(t) \right| \ln(1/u_{i,j}(t)), u_{i,j}(t) \sim U(0,1) \tag{3-34}$$

$$X_{i,j}(t+1) = p_{i,j}(t) \pm \alpha \left| C_j(t) - X_{i,j}(t) \right| \ln(1/u_{i,j}(t)), u_{i,j}(t) \sim U(0,1) \tag{3-35}$$

本书中采用 $L_{i,j}(t) = 2\alpha \left| C_j(t) - X_{i,j}(t) \right|$，为了进一步提高 QPSO 算法的收敛性，QPSO 方程可转换为

$$X_{i,j}(t+1) = p_{i,j}(t) \pm \alpha \left| C_j(t) - X_{i,j}(t) \right| \ln(1/u_{i,j}(t)), u_{i,j}(t) \sim U(0,1) \tag{3-36}$$

$$p_{i,j}(t) = P_{g,j}(t) + \varphi_{i,j}(t)\left[P_{i,j}(t) - P_{g,j}(t) \right] \tag{3-37}$$

$$C_j(t) = \frac{1}{M}\sum_{i=1}^{M} P_{i,1}(t), \frac{1}{M}\sum_{i=1}^{M} P_{i,2}(t), \cdots, \frac{1}{M}\sum_{i=1}^{M} P_{i,N}(t) \tag{3-38}$$

从上述式子可看出，QPSO 算法的 $p_{i,j}(t)$ 与 $P_{i,j}(t)$，$P_{g,j}(t)$ 的差值相关，且 $X_{i,j}(t+1)$ 与 $C_j(t)$ 与 $X_{i,j}(t)$ 的差值相关。惯性权重为 QPSO 算法可调整的重要参数，其值的大小对其搜索能力都有着重要的影响，在 QPSO 优化过程中惯性权重值随迭代代数增大而减少，从而会导致过早地陷入局部的优化，且收敛慢。

二、改进的量子粒子群算法

基于此，在此采用了一种自适应方法来动态调整参数，从而解决过早地陷入局部的优化的问题。同时采用自然选择，保持好粒子种群的多样性，提高全局搜索能力和算法的收敛速度，提高效率。

定义：个体粒子进化速度为

$$i\,p_i(t) = \frac{\text{Fitness}(P_{g,\,j}(t))}{\text{Fitness}(P_{i,\,j}(t))} \tag{3-39}$$

定义：群体离散度为

$$g\,s_t(t) = \{g_{i,\,1}(t),\ g_{i,\,2}(t),\ \cdots,\ g_{i,\,N}(t)\}$$

$$= \left\{\frac{\partial(p_{i,\,1}(t)}{\partial_{X1}(X_{i,\,1}(t))},\quad \frac{\partial(p_{i,\,2}(t)}{\partial_{X2}(X_{i,\,2}(t))},\quad \cdots,\quad \frac{\partial(p_{i,\,N}(t)}{\partial_{XN}(X_{i,\,N}(t))}\right\}$$

$$\tag{3-40}$$

则改进后的 QPSO 算法的方程为

$$p_{i,\,j}(t) = i\,p_i(t)\,P_{g,\,j}(t) + \varphi_{i,\,j}(t)\,i\,p_i(t)\,[P_{i,\,j}(t) - P_{g,\,j}(t)] \tag{3-41}$$

$$C_j(t) = \frac{1}{M}\sum_{i=1}^{M}P_{i,\,1}(t),\ \frac{1}{M}\sum_{i=1}^{M}P_{i,\,2}(t),\ \cdots,\ \frac{1}{M}\sum_{i=1}^{M}P_{i,\,N}(t) \tag{3-42}$$

$$X_{i,\,j}(t+1) = p_{i,\,j}(t)\ \pm\alpha\,\big|C_j(t) - (1 - g\,s_{i,\,j}(t))\,X_{i,\,j}(t)\big|$$

$$\ln(1/u_{i,\,j}(t)),\ u_{i,\,j}(t)\ \sim\ U(0,\ 1) \tag{3-43}$$

在式（3-41）、式（3-42）中分别引入了自适应进化速度和动态群体离散度，自适应进化速度 $i\,p_i(t)$ 是一个介于 0~1 的一个动态参数，表征了个体最优与全局最优的靠近程度，当其正向靠近于 0 时，说明全局最优和个体最优的差异较大，此时的进化速度快，反之则说明两者接受，进化速度变慢。通过引入自适应进化速度，提高了算法的收敛速度。动态群体离散度用于表征其粒子的多样性和稳定性，动态离散度在迭代过程中不断地正向趋近于 1，通过自适应群体离散度，保证了其粒子的多样性。同时，采用自然选择机制淘汰迭代过程中的最差的粒子来提高粒子的多样性，从而改进算法的准确性和稳定性。改进后的 QPSO 算法流程如图 3-17 所示。

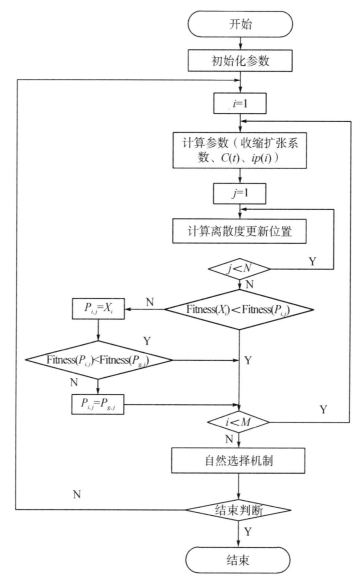

图 3-17 改进 QPSO 算法流程

三、改进量子粒子群算法的性能测试

为了验证改进 QPSO 算法提出算法的有效性，选用单峰值的 SPHERE 函数和多峰值函数 RASTRIGRIN 函数对提出的算法进行测试验证，SPHERE 和 RASTRIGRIN 函数的具体表达参考相关文献，本书不作具体解

释。利用改进的 QPSO 和 QPSO 算法对 SPHERE 进行优化求解，其收敛曲线如图 3-18 所示。

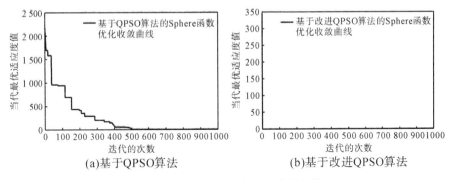

图 3-18　SPHERE 函数优化收敛曲线

从图 3-18 可以看到上文提出的改进 QPSO 算法能够实现对 SPHERE 函数进行全局优化，则收敛的速度比改进前的 QPSO 算法显著提高。

利用改进的 QPSO 和 QPSO 算法对 RASTRIGRIN 进行优化求解，其收敛曲线如图 3-19 所示。

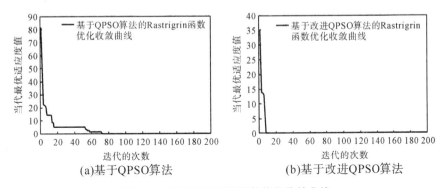

图 3-19　RASTRIGRIN 函数优化收敛曲线

从图 3-19 可以看上文提出的改进 QPSO 算法能够实现对 RASTRIGRIN 函数进行全局优化，则收敛的速度比改进前的 QPSO 算法显著提高。

四、基于改进量子粒子群算法的 Kriging 代理模型优化

本书以优化 Kriging 模型的变差函数为目标，这里选择的变差函数为高斯函数，其表达式为

$$R(x^{(i)}, x^{(j)}) = \exp\left[-\sum_{k=1}^{n} \theta_k \left| x_k^{(i)} - x_k^{(j)} \right|^2\right] \qquad (3-44)$$

参数 θ 是 Kriging 方法建立代理模型的重要参数，通过前述中提出的改进量子粒子群算法实现对高斯变差函数的参数进行优化从而达到优化 Kriging 方法建立代理模型，提高其拟合精度。利用改进的量子粒子群算法优化后的 Kriging 代理模型的精度指标如表 3-11 所示。

表 3-11 改进前后的 Kriging 代理模型精度指标

代理模型	R^2	RMSE	RMAE
Kriging 模型	0.995 0	3.288 7	0.284 3
改进 Kriging 模型	0.997 0	2.509 7	0.183 6

根据表 3-11，改进后的评价代理模型的精度主要综合均方根误差 (Root Mean Square Error, RMSE) 检验、样本决定系数 R^2 (RSquare)、相对最大绝对误差 (Relative Maximum Absolute Error, RMAE) 三个指标都得到了改进，从而进一步提升了 Kriging 模型建立变双曲圆弧齿线圆柱齿轮的输入参数（压力角、齿宽、模数、齿线半径、力矩）与输出（接触应力）之间的近似模型的精度，为后续的可靠度分析奠定了基础。优化后的残差、预测结果以及图形如图 3-20 至图 3-22 所示。

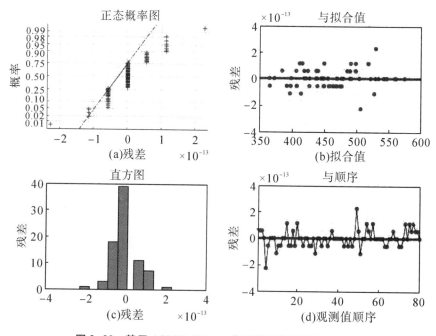

图 3-20 基于 AQPSO-Kriging 代理模型的训练集残差图

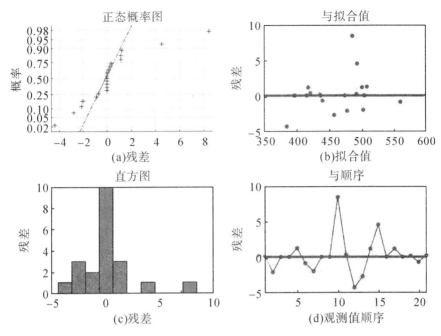

图 3-21　基于 AQPSO-Kriging 代理模型的测试集残差图

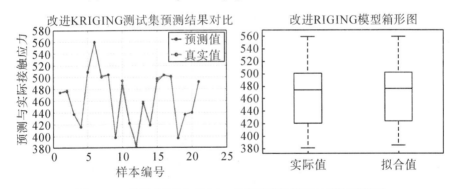

图 3-22　基于 AQPSO-Kriging 代理模型的预测结果和箱形图

根据前面内容可知，采用 Kriging 建立建变双曲圆弧齿线圆柱齿轮的输入参数（压力角、齿宽、模数、齿线半径、力矩）与输出（接触应力）之间的近似模型立代理模型，其误差的数量级为 $2×10^{-13}$；预测集样本其仅有 12 个样本能够很好地复现，其余 9 个测试集样本虽不能够很好地复现，但仅有 1 个样本的误差最大值为 13MPA 左右，其中 8 个样本的预测值和实际值之间的差值均在 5MPA 以内。采用 AQPSO-Kriging 建立建变双曲圆弧齿线圆柱齿轮的输入参数（压力角、齿宽、模数、齿线半径、力矩）与输出

（接触应力）之间的近似模型立代理模型，其误差的数量级为 1×10^{-13}；但是对于其预测集样本仅 10 个样本能够很好地复现，其余 12 个测试集样本虽不能够很好地复现，但仅有 3 个样本的误差大于 4MPA，且最大值为 8MPA 左右，其中 9 个样本的预测值和实际值之间的差值均在 3MPA 以内，有效地提高了模型的精度，建立后的各设计变量与响应值的曲面和等高线图如图 3-23 所示。

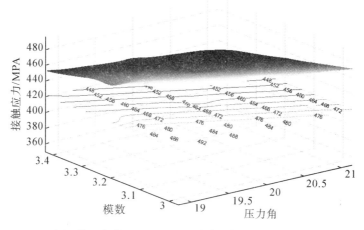

（a）基于改进 QPSO-Kriging 响应面结果（3D 视图）

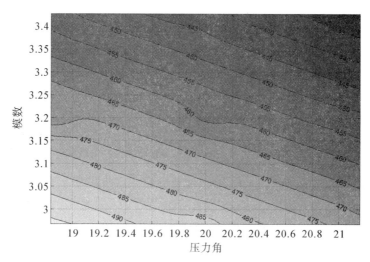

（b）基于改进 QPSO-Kriging 响应面结果图（等高线图）

图 3-23　模数-压力角 3D 及等高线图

图 3-23 为当模数和压力角变化，其他三个参数取平均值时的接触应力与模数和压力之间的变化关系，从 3D 及等高线图可以看出：模数增大，接触应力减小，压力角增大，接触应力的值变化不大。

图 3-24 为当齿宽和压力角变化，其他三个参数取平均值时的接触应力与齿宽和压力角之间的变化关系，从 3D 及等高线图可以看出：齿宽增大，接触应力变化不大，压力角增大，接触应力的值变化不大，但当两者配合选择时在有的数值上则表现了强的非线性。

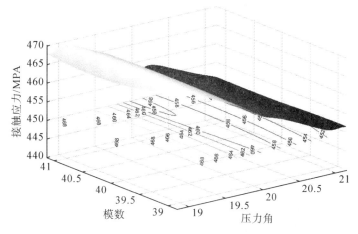

（a）基于改进 QPSO-Kriging 响应面结果（3D 视图）

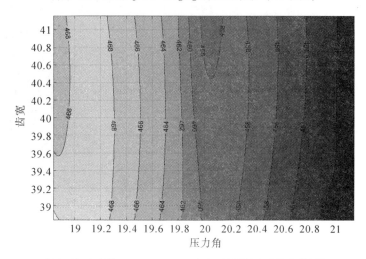

（b）基于改进 QPSO-Kriging 响应面结果图（等高线图）

图 3-24 齿宽-压力角 3D 及等高线图

图 3-25 为当齿线半径和压力角变化，其他三个参数取平均值时的接触应力与齿线半径和压力角之间的变化关系，从 3D 及等高线图可以看出：半径增大，接触应力减小，压力角增大，接触应力的值变化不大。

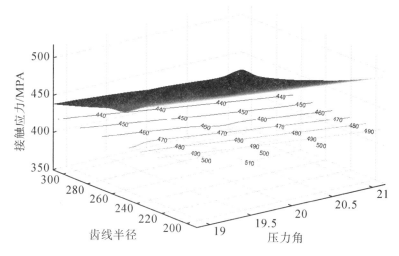

（a）基于改进 QPSO-Kriging 响应面结果（3D 视图）

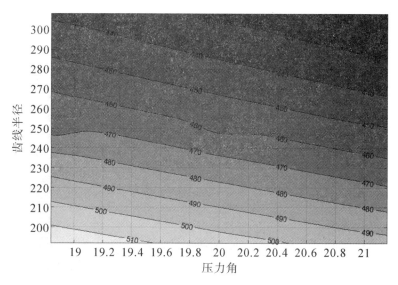

（b）基于改进 QPSO-Kriging 响应面结果图（等高线图）

图 3-25　齿线半径-压力角 3D 及等高线图

图 3-26 为当力矩和压力角化，其他三个参数取平均值时的接触应力与力矩和压力之间的变化关系，从 3D 及等高线图可以看出：力矩增大，接触应力变大，压力增大，接触应力的值变化不大，平缓。

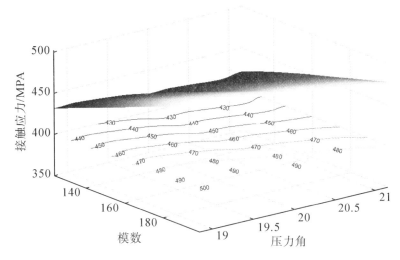

（a）基于改进 QPSO-Kriging 响应面结果（3D 视图）

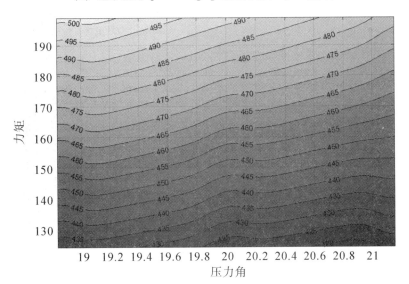

（b）基于改进 QPSO-Kriging 响应面结果图（等高线图）

图 3-26　力矩-压力角 3D 及等高线图

图 3-27 为当齿宽和模数变化，其他三个参数取平均值时的接触应力与齿宽和模数之间的变化关系，从 3D 及等高线图可以看出：齿宽增大，接触应力变化不大，模数增大，接触应力的值减小。

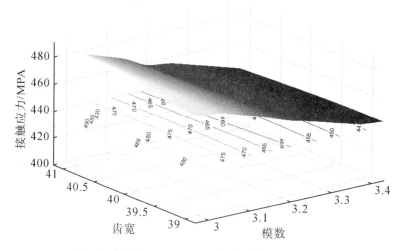

（a）基于改进 QPSO-Kriging 响应面结果（3D 视图）

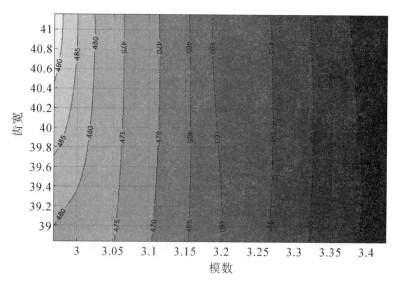

（b）基于改进 QPSO-Kriging 响应面结果图（等高线图）

图 3-27　齿宽-模数 3D 及等高线图

　　图 3-28 为当齿线半径和模数变化，其他三个参数取平均值时的接触
应力与齿线半径和模数之间的变化关系，从 3D 及等高线图可以看出：齿
线半径增大，接触应力减小，模数增大，接触应力的值减小。

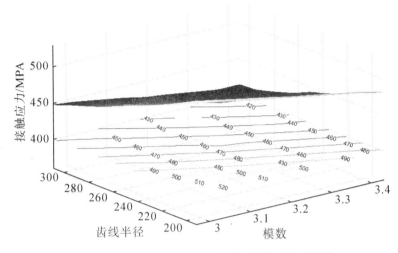

（a）基于改进 QPSO-Kriging 响应面结果（3D 视图）

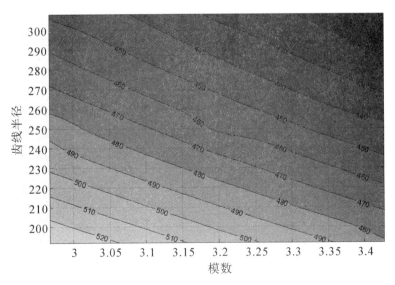

（b）基于改进 QPSO-Kriging 响应面结果图（等高线图）

图 3-28　齿线半径-模数 3D 及等高线图

　　图 3-29 为当力矩和模数变化，其他三个参数取平均值时的接触应力与力矩和模数之间的变化关系，从 3D 及等高线图可以看出：力矩增大，接触应力增大，模数增大，接触应力的值减小。

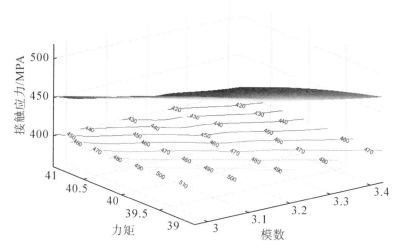

（a）基于改进 QPSO-Kriging 响应面结果（3D 视图）

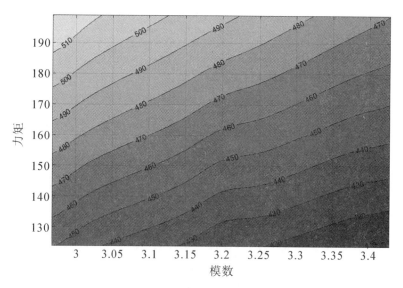

（b）基于改进 QPSO-Kriging 响应面结果图（等高线图）

图 3-29　力矩-模数 3D 及等高线图

图 3-30 为当齿线半径和齿宽变化，其他三个参数取平均值时的接触应力与齿线半径和齿宽之间的变化关系，从 3D 及等高线图可以看出：齿线半径增大，接触应力减小，齿宽增大，接触应力的值变化不大。

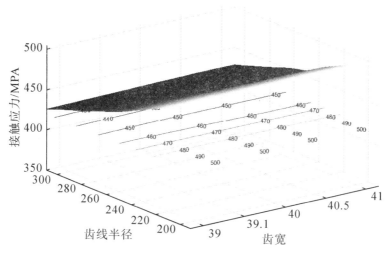

（a）基于改进 QPSO-Kriging 响应面结果（3D 视图）

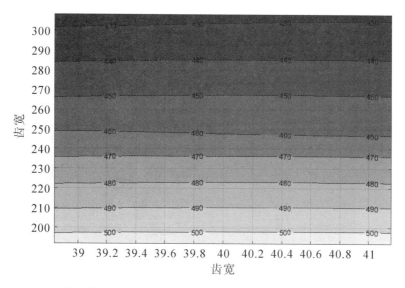

（b）基于改进 QPSO-Kriging 响应面结果图（等高线图）

图 3-30 齿线半径-齿宽 3D 及等高线图

图 3-31 为当力矩和齿宽变化，其他三个参数取平均值时的接触应力与齿线半径和齿宽之间的变化关系，从 3D 及等高线图可以看出：力矩增大，接触应力增大，齿宽增大，接触应力的值变化不大。

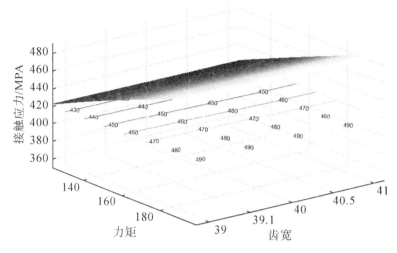

（a）基于改进 QPSO-Kriging 响应面结果（3D 视图）

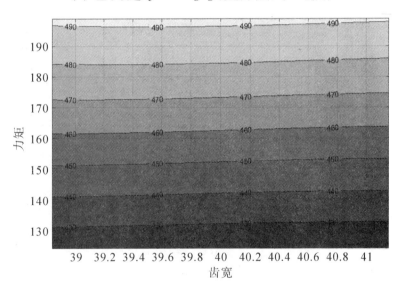

（b）基于改进 QPSO-Kriging 响应面结果图（等高线图）

图 3-31　力矩-齿宽 3D 及等高线图

图 3-32 为当力矩和齿线半径变化，其他三个参数取平均值时的接触应力与力矩和齿线半径之间的变化关系，从 3D 及等高线图可以看出：力矩增大，接触应力增大，齿线半径增大，接触应力减小。

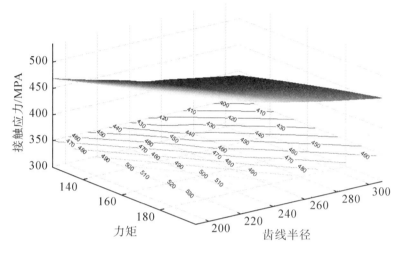

（a）基于改进 QPSO-Kriging 响应面结果（3D 视图）

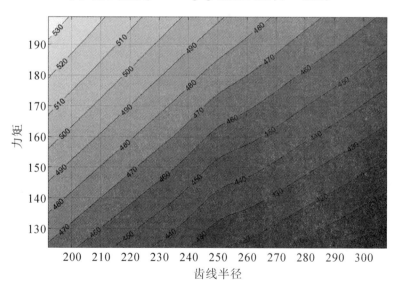

（b）基于改进 QPSO-Kriging 响应面结果图（等高线图）

图 3-32 力矩-齿线半径 3D 及等高线图

综合上述可知，力矩，半径，模数对接触应力的值有着显著的影响，压力角和齿宽（40 左右）对其的影响不太大。这与前面第三章中的分析结果相吻合。

总之，基于 Kriging 代理模型和改进量子粒子群算法的优化设计方法，是通过试验设计和有限元计算生成训练样本，构建高精度代理模型替代优化模型的目标函数或约束函数，采用粒子群算法对其优化模型求解。有限元分析计算、样本布点设计、代理模型构建和粒子群算法优化过程可实现完全分离，计算量小。该方法可用于解决各种结构优化、工艺参数优化等问题，具有较好的推广价值。

第四章 基于代理模型的结构可靠性优化

本章将代理模型应用于结构可靠性设计优化中，介绍了可靠性的定义、计算原理，在此基础上，建立了可靠性分析的极限状态方程，并利用改进的一次二阶矩方法，分析了变双曲圆弧齿线圆柱齿轮的可靠性及其对设计参数的灵敏度，提出了基于 Markov Chain 改进的重样抽样的 Monte Carlo 方法来验证了改进一次二阶矩方法，分析了变双曲圆弧齿线圆柱齿轮的可靠性和正确性，该方法通过在重要抽样中引入 Markov Chain，采用了 Metropolis-Hastings 准则，重构抽样密度函数，改进了重样抽样的样本分布，提出基于代理模型的可靠性优化方法；最后对采用变双曲圆弧齿线圆柱齿轮进行可靠性设计优化。

可靠性可以用来衡量元件或系统在规定时间内完成规定功能的能力，它是质量的一个重要指标。19 世纪，航运公司和保险公司通过计算收益率向顾客收取费用时首先提出了可靠性概念，其主要目的是用于预测特定群体或个体的死亡率。飞机、汽车、船舶、桥梁等结构或机械产品的失效问题，在许多方面类似于有机生物的生与死。尽管关于失效的分类和定义方法多种多样，但失效的事实都将导致生命和财产的极大损失。比如，1986 年"挑战者"号和 2003 年"哥伦比亚"号航天飞机的爆炸，向世人显示了可靠性在关键及复杂系统的设计、运行和维护等方面的重要性。美国西弗吉利亚州和俄亥俄州交界处的 Point Pleasant 大桥是体现可靠性在结构设计中重要性的另一个案例，这座大桥于 1967 年 12 月 15 日坍塌，造成 46 人死亡和多人受伤，事故归因于一个重要铁杆的金属疲劳，这个失效的传递导致连锁反应，最终使得这座大桥的使用寿命远远低于其设计寿命。

随着现代科学技术的迅速发展，人们对结构机构产品的要求也有所提高。除了安全要求、功能要求、工作环境要求以外，还希望产品能高质量、高效率地实现相关功能。在结构机构产品的设计以及使用中，传统的确定性设计优化方法能够系统地减少成本和提高质量。但是，随着这些功能需求的大幅提高，以及对关键和复杂设计需求的增加，研究者们逐渐意识到工程实际中始终存在着大量的不确定因素，而且这些不确定因素对结构机构的性能和安全性有着重要的影响。因此，产品性能需求的提高要求研究者必须以合理准确的数学模型去描述各种不确定性因素，在保证安全的前提下得到性能更好的产品。结构机构可靠性分析设计理论的初衷正是使用更合适的数学模型去描述广泛存在的不确定性，分析不确定性的传播过程，并定量给出考虑不确定性因素条件下结构机构的安全性能以及如何提升安全性能的手段。

近 40 年以来，工业问题和概率统计方法的结合引起了研究者们的极大兴趣，针对不同的领域和要解决的具体问题，工程统计的不同分支也应运而生。比如，源于农业试验的试验设计被广泛应用于工业产品设计和过程优化中，以达到提高产量，减少波动和降低成本等目的；这些统计方法和工具不仅对各自领域带来了革命性的影响，而且也丰富了原有的统计理论，为解决不断出现的新的工程问题带来了更多的机遇。在进行可靠性评估时，基于蒙特卡罗仿真的方法通常会选择具有空间填充性质的拉丁超立方体抽样来得到样本，或者选择一个序贯的抽样方法，逐步填充试验设计，甚至也有工程人员选择部分因子设计和中心复合设计。灵敏度分析旨在寻找对响应性能的不确定性影响最大的若干因素，比如 Sobol 方法，其基本思想起源于试验设计中的方差分析，即对有限的响应方差进行正交分解，以确定来自哪些变量或变量交互的方差在响应方差中占较大比例，从而对输入变量进行重要性排序，减小输出响应的不确定性，以及提高模型预测的稳健性。

随着设计精度的提高，计算成本也在不断地增加。通常，与结构安全和不确定性度量密切相关的分析方法需要大量地、重复地通过计算模型得到结构目标性能的响应值。比如使用蒙特卡罗仿真方法计算失效概率，首先需要大量地对服从特定分布的输入变量进行抽样，然后进行有限元分析，得到所有样本处的响应值，最后才能计算出响应的概率特征；类似地，使用抽样方法进行灵敏度分析也需要获得大量的响应值。因此，对于某些大型、复杂的结构系统，即使是最高性能的计算机也难以负担这种规模的有限元分析。在这样的背景下，代理模型为可靠性领域的不确定性度量研究开辟了另一条途径：建立真实计算模型的替代模型，再对这个高度近似的替代模型进行相关分析和研究。总之，在保证精确度的前提下，代理模型方法显著降低了计算成本。

第一节　代理模型技术在结构可靠度分析中的应用

尽管工程结构设计中的代理模型技术更多地被用于解决结构优化相关问题，但近年来在结构可靠度分析和基于结构可靠度计算的结构优化问题中，代理模型技术的应用也逐渐得到重视，在国内外研究中处于快速发展阶段。由于结构可靠度分析与结构优化问题的未知函数近似目标与近似特征不同，相同代理模型在两类问题中的应用也表现出不同的侧重点与特征，因此在此对结构可靠度分析中的典型代理模型技术的应用进行简单介绍。

在结构可靠度分析中，最早应用代理模型是使用多项式来逼近极限状态函数的响应面代理模型，尤其是对最可能失效点附近的极限状态函数进行足够精度的逼近。Wong 最早提出了将一个完备的二次多项式应用于边坡结构可靠度分析问题中，但是当随机变量增加时，这种方法对样本点的规模大小要求急剧增加，计算量也对应地急速增加。1990 年，Bucher 和 Bourgund 提出了一种二轮迭代下不含交叉项的二次多项式响应面法。Rajashkhar 等，Liu 等以及刘英卫等分别对这种方法进行了改进，通过加入一个迭代收敛准则，使得这个收敛准则满足多项式拟合才停止。Kim 等提出了一种序列梯度映射投影算法，通过采用线性多项式及梯度投影保证了每一轮抽样的样本点都落在随机变量空间中的失效面一侧，因此也提高了抽样的效率及结果收敛速率。Das 和 Zheng 对映射投影法进行改进，并将其应用于加筋板结构的可靠度分析问题中。武清玺等分析了模型参数的变化对结构可靠度分析结果的影响。为了提高多项式响应面对极限状态曲面的近似精度，研究人员提出了各种不同的改进方法。Kaymaz、Nguyen 以及赵洁等提出了加权多项式响应面方法，提高了样本点利用效率，收到了很好的效果。而 Gavin 等则研究了提高多项式响应面阶次的方法来提高近似精度，提出利用切比雪夫多项式的回归方法和统计分析来逐一获取响应面函数中各随机变量的最高阶数。

人工神经网络（ANN）的非线性近似功能使得其在结构优化问题研究中得到了广泛的应用，因此这也吸引研究人员将其用于随机变量空间中对隐式极限状态函数的近似。Papadrakakis 等最早采用 ANN 与 Monte Carlo 法及重要抽样 Monte Carlo 法结合对框架结构的可靠度问题进行分析。为了研究 BP 神经网络训练过程中各控制参数对结果的影响，Hurtado 等建立不同的神经网络模型对极限状态函数进行近似，通过失效概率结果的计算精度与效率比较确定了最佳的神经网络训练参数。Gomes 等通过结构可靠度分析中的典型算例，全面比较了多项式响应面法与神经网络响应面在结构可靠度分析方面的性能优劣。Elhewy 和桂劲松等提出一种建立全局神经网络响应面求取结构可靠度的算法，所提方法的有效性在算例中得到体现。Cheng 等在文献中提出将均匀试验设计与人工神经网络相结合可以有效地解决结构可靠度分析问题。邓建和 Deng 等为基于神经网络的结构可靠度研究作出了重要贡献，系统地阐述了神经网络逼近功能函数的适应性，推导了利用神经网络逼近功能函数梯度的公式，并分别提出了基于 BP 网络和 RBF 网络的 FORM、SORM 和 MonteCarlo 法。

虽然前面所述表明 Kriging 在结构优化及多学科优化领域得到了广泛研究与应用，但是将 Kriging 模型应用于结构可靠度分析却不多见。Kaymaz 最先提出基于 Kriging 的结构可靠度分析方法，并通过典型分析算例与经典结构可靠度响应面法进行对比。Panda 等利用拉丁超立方设计与 Kriging 模型进行结构失效概率计算，并将其推广于涉及结构有限元分析的可靠度分析问题中。Echard 在最新的文献中提出一种 AK-MCS 模型，将 Kriging 模型与 Monte Carlo 法结合起来进行结构失效概率计算，通过设计一种积极学习策略不断补充样本点，能够有效提高可靠度计算效率。张崎等研究了一种基于 Kriging 近似的重要抽样方法，大大提高了传统方法的计算效率，并将此方法推广于普通框架结构与海上导管平台结构的可靠度分析问题中。郑春青与吕震宙提出了一种基于 Kriging 模型进行函数近似并以内插法获取新抽样点的结构可靠度分析方法。

SVR 方法用于可靠度计算始于 Rocco 和 Moreno，他们将 SVR 与 Monte Carlo 法结合用于评估网络系统的可靠性，大大提高了计算效率。Hurtado 和 Alvarez 将结构可靠性分析问题考虑成模式识别问题，采用 SVR 方法结合随机有限元对结构进行可靠性分析，Hurtado 借助统计学习理论讨论了多层前向感知器神经网络（MLP）、SVR 等分类算法在含有隐式极限状态函数的结构可靠性分析的可能性，确定了只有 MLP 和 SVR 适合于结构可靠性分析问题。Zhao 及 Tan 等均提出将 SVR 用于边坡稳定的可靠度分析问题中，并与径向基神经网络进行性能对比，计算结果也验证了方法的有效性。李洪双及 Guo 等采用支持向量机的回归功能作为近似代理模型并结合一次二阶矩法形成迭代过程求解可靠度。

从以上可以看出，相较于在结构优化与多学科优化中代理模型技术的广泛应用，结构可靠度分析中的代理模型研究还远未达到完善的地步。尤其是两类问题中的函数近似存在一定区别，直接的近似代理模型方法移植并不能保证良好的分析结果与计算效率，因此有必要特别针对结构可靠度分析问题中的代理模型应用进行具体研究与改进。

第二节 结构可靠度分析理论基础

产品可靠度是指产品在规定的时间内和规定的条件下，完成规定功能的能力。常用的可靠性的计算方法主要包括一次二阶方法（first order and second moment，FOSM）、蒙特卡罗模拟方法等。下面对可靠性计算的相关理论进行简要介绍。

一、状态函数及极限状态方程

假设机械产品的功能与设计参数之间可以用函数 $g(x)$ 表达，$g(x)$ 被定义为预定功能的状态函数。

$$g(x) = g(x_1, x_2, \cdots, x_n) \tag{4-1}$$

如图 4-1 所示，若当设计变量 x_1, x_2, $\cdots$, x_n 取一定的值时，使得 $g(x) = g(x_1, x_2, \cdots, x_n) = 0$，这种状态下，则称为极限状态，$g(x) > 0$，说明能够完成预定的设计功能，$g(x) < 0$ 则说明无法完成预定的设计能力，产品处于失效状态，$g(x)$ 可以为显式或者是隐式。

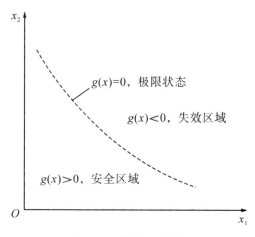

图 4-1　零件极限状态

二、应力-强度干涉模型

如图 4-2 为应力-强度干涉模型，零件在采用常规设计方法确定的安全裕量会产生衰减，使用安全裕量变小，使用强度和应力分布函数从间隔至交叉，交叉区域为不安全区域（宽度为 h ）。根据前述理论，$g(x) > 0$ 时，则说明系统是能够实现预定的设计功能，定义为

$$g(x) = g(x_1,\ x_2,\ \cdots,\ x_n) = \sigma - \delta > 0 \tag{4-2}$$

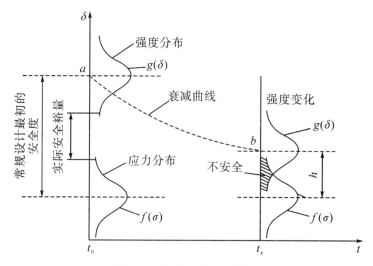

图 4-2　应力-强度干涉模型

在上述应力-强度干涉模型中，根据可靠性的定义，则可靠度为

$$R = P(\sigma > \delta) = P(\sigma - \delta > 0) \tag{4-3}$$

如图4-3所示，在干涉区域内计算零件强度大于应力值的概率为

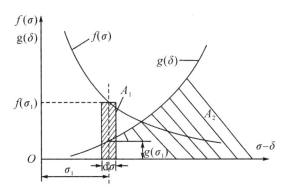

图4-3　干涉区域内可靠度计算示意图

采用概率密度函数联合积分法，则在干涉区域内 $g(x) > 0$ 的概率为

$$R = P(\sigma > \delta) = \int_{-\infty}^{\infty} f(\sigma) \left[\int_{-\infty}^{\infty} f(\delta) d\delta \right] d\sigma \tag{4-4}$$

三、可靠度指标

根据相关参考文献，在标准化正态坐标中，定义可靠度为坐标原点到 $g(x) = 0$ 面的最短距离，如图4-4中的 β。且最短距离在 $g(x) = 0$ 的坐标点为对应的设计验算点。

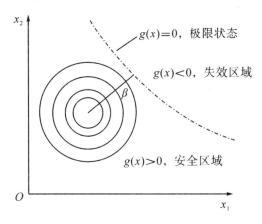

图4-4　可靠度定义

上述的最短距离 β 的值定义为：$g(x)$ 均值和标准差的比值。则有

$$\beta = \frac{\mu_g}{\sigma_g} = \frac{E[g(X)]}{\sqrt{Var[g(X)]}} \qquad (4-5)$$

β，被称为 Cornel 指标，其值的大小，反映了零件可靠度的程度，越大则说明可靠度越高，越不容易失效；越小则说明可靠度越低，越容易失效。

如果所有参数服从正态分布，且 $g(x)$ 为线性方程时，则可得到其可靠度：

$$R = \varphi(\beta) \qquad (4-6)$$

$$P_f = 1 - \varphi(\beta) = \varphi(-\beta) \qquad (4-7)$$

式中，$\varphi(\cdot)$ 为标准正态。

四、常用的可靠度计算方法

1. 均值一次二阶距可靠性分析方法

均值一次二阶距方法（FOSM），又被称为中心点法，其计算方法的原理为：利用泰勒展开式将非线性的功能函数在其各设计变量的设计点（均值点）进行展开，并项至取泰勒展开后的一阶项，从而将非线性问题利用泰勒展开转换为近似线性问题。

设零件的功能函数为

$$Z = g(x_1, x_2, \cdots, x_n), x_i \sim N(\mu_i, \sigma_{x_i}^2), (i = 1, 2, \cdots, n)。$$

$$(4-8)$$

线性功能函数情况下可靠性分析的基本计算公式

若 $Z = g(x_1, x_2, \cdots, x_n)$ 是随机变量 $x = (x_1, x_2, \cdots, x_n)^T$ 的线性函数，则

$$Z = g(x) = a_0 + \sum_{i=1}^{n} a_i x_i \qquad (4-9)$$

$$\mu_g = a_0 + \sum_{i=1}^{n} a_i \mu_{x_i} \qquad (4-10)$$

$$\sigma_g^2 = \sum_{i=1}^{n} a_{x_i}^2 \sigma_{x_i}^2 + \sum_{i=1}^{n} \sum_{j=1, j\neq i}^{n} a_i a_j \text{Cov}(x_i, x_j) \qquad (4-11)$$

式中，$\text{Cov}(x_i, x_j)$ 是 x_i 和 x_j 的协方差，$\text{Cov}(x_i, x_j) = \rho_{x_i x_j} \sigma_{x_j}$，$\rho_{x_i x_j}$ 为 x_i 和 x_j 的相关系数，$a_i(i = 0, 1, \cdots, n)$ 为常数。

将功能函数的均值 μ_g 和标准差 σ_g 的比值记为可靠度指标 β，则有

$$\beta = \frac{\mu_g}{\sigma_g} = \frac{a_0 + \sum_{i=1}^{n} a_i \mu_{x_i}}{\sqrt{\sum_{i=1}^{n} a_i^2 \sigma_{x_i}^2 + \sum_{i=1}^{n} \sum_{j=1, j \neq i}^{n} a_i a_j \mathrm{Cov}(x_i, x_j)}} \quad (4-12)$$

则基于 MVFOSM 算法的可靠度 P_r 和失效概率 P_f 为

$$P_r = P\{g > 0\} = P\left\{ \frac{g - \mu_g}{\sigma_g} > -\frac{\mu_g}{\sigma_g} \right\} = \Phi(\beta) \quad (4-13)$$

$$P_f = P\{g \leqslant 0\} = P\left\{ \frac{g - \mu_g}{\sigma_g} \leqslant -\frac{\mu_g}{\sigma_g} \right\} = \Phi(-\beta) \quad (4-14)$$

非线性功能函数情况下可靠性分析的基本计算公式：

利用泰勒展开式将非线性的功能函数在其各设计变量的设计点（均值点 $\mu_x = (\mu_{x_1}, \mu_{x_2}, \cdots, \mu_{x_n})$）进行展开，取泰勒展开后的一阶项则有

$$Z = g(x_1, x_2, \cdots, x_n) \approx g(\mu_{x_1}, \mu_{x_2}, \cdots, \mu_{x_n}) + \sum_{i=1}^{n} \left(\frac{\partial g}{\partial x_i} \right)_{\mu_x} (x_i - \mu_{x_i})$$

$$(4-15)$$

$$\mu_g = g(\mu_{x_1}, \mu_{x_2}, \cdots, \mu_{x_n})$$

$$\sigma_g^2 = \sum_{i=1}^{n} \left(\frac{\partial g}{\partial x_i} \right)_{\mu_x}^2 \sigma_{x_i}^2 + \sum_{i=1}^{n} \sum_{j=1, j \neq i}^{n} \left(\frac{\partial g}{\partial x_i} \right)_{\mu_x} \left(\frac{\partial g}{\partial x_j} \right)_{\mu_x} \mathrm{Cov}(x_i, x_j)$$

$$(4-16)$$

式中，$\left(\dfrac{\partial g}{\partial x_i} \right)_{\mu_x}$ 表示功能函数求其一阶导数后的，在设计点（均值点）μ_x 处的对应的函数取值。

在此情况下，可靠度指标 β 和失效概率 P_f 则可利用下式进行计算：

$$\beta = \frac{\mu_g}{\sigma_g} = \frac{g(\mu_{x_1}, \mu_{x_2}, \cdots, \mu_{x_n})}{\sqrt{\sum_{i=1}^{n} \left(\frac{\partial g}{\partial x_i} \right)_{\mu_x}^2 \sigma_{x_i}^2 + \sum_{i=1}^{n} \sum_{j=1, j \neq i}^{n} \left(\frac{\partial g}{\partial x_i} \right)_{\mu_x} \left(\frac{\partial g}{\partial x_j} \right)_{\mu_x} \mathrm{Cov}(x_i, x_j)}}$$

$$(4-17)$$

2. 改进一次二阶距可靠性分析方法

一次二阶距算法对于非线性的功能函数其精度不能满足要求，且其是在均值处展开，而均值点原则应该是在安全区域。为了解决 FOSM 算法的不足，学者 Hasofer、Lind 提出了一种基于 MPP（最可能失效点）的可靠

度计算方法，这种算法又被称为 AFOSM，其原理和 FOSM 的计算原理相似。对于线性的问题，两者的结果是一致的；对于非线性问题，AFOSM 求解的精度更准确，本书只讨论其非线性的求解问题。其具体原理如下：

（1）AFOSM 的可靠度求解原理

设结构的功能函数为 $Z = g(x_1, x_2, \cdots, x_n)$，且变量 $x_i \sim N(u_{x_i}, \sigma_{x_i})(i = 1, 2, \cdots, n)$，将 $F = \{x: g(x) \leqslant 0\}$ 定义为失效区域。在当时的功能函数下，其在极限状态下的可能失效点（设计点）为 $P^*(x_1^*, x_2^*, \cdots, x_n^*)$，则有 $g(x_1, x_2, \cdots, x_n) = 0$，将功能函数利用泰勒展开式将非线性的功能函数在可能失效点进行展开，并取线性部分，有

$$Z = g(x_1, x_2, \cdots, x_n) \approx g(x_1^*, x_2^*, \cdots, x_n^*) + \sum_{i=1}^{n} \left(\frac{\partial g}{\partial x_i} \right)_{p^*} (x_i - x_i^*)$$

$$(4-18)$$

根据相关文献得 $g = (x_1^*, x_2^*, \cdots, x_n^*) = 0$，则式（4-18）可以改写为

$$\sum_{i=1}^{n} \left(\frac{\partial g}{\partial x_i} \right)_{p^*} (x_i - x_i^*) = 0 \qquad (4-19)$$

整理可得

$$\sum_{i=1}^{n} \left(\frac{\partial g}{\partial x_i} \right)_{p^*} x_i - \sum_{i=1}^{n} \left(\frac{\partial g}{\partial x_i} \right)_{p^*} x_i^* = 0 \qquad (4-20)$$

则基于 AFOSM 算法的可靠度指标 β 和失效概率 P_f 的精确求解可以获得

$$\beta = \frac{\sum_{i=1}^{n} \left(\frac{\partial g}{\partial x_i} \right)_{p^*} u_{x_i} - \sum_{i=1}^{n} \left(\frac{\partial g}{\partial x_i} \right)_{p^*} x_i^*}{\left[\sum_{i=1}^{n} \left(\frac{\partial g}{\partial x_i} \right)_{p^*}^2 \sigma_{x_i}^2 \right]^{\frac{1}{2}}} = \frac{\sum_{i=1}^{n} \left(\frac{\partial g}{\partial x_i} \right)_{p^*} (u_{x_i} - x_i^*)}{\left[\sum_{i=1}^{n} \left(\frac{\partial g}{\partial x_i} \right)_{p^*}^2 \sigma_{x_i}^2 \right]^{\frac{1}{2}}}$$

$$(4-21)$$

$$P_f = \Phi(-\beta)$$

AFOSM 算法的可靠度计算流程如图 4-5 所示。

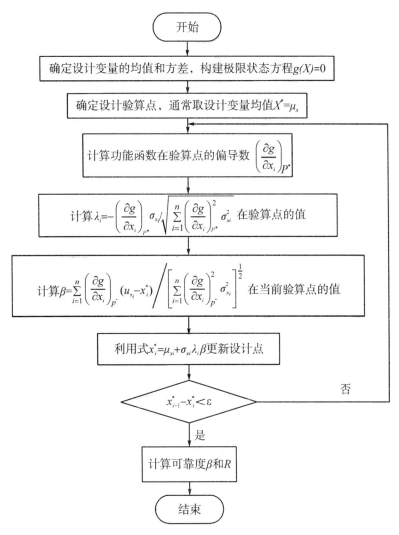

图 4-5　AFOSM 算法求解可靠度（或者失效概率）流程

（2）AFOSM 的灵敏度计算公式

根据式（4-18），假设 $c_0 = g(x_1^*, x_2^*, \cdots, x_n^*) - \sum\limits_{i=1}^{n}\left(\dfrac{\partial g}{\partial x_i}\right)_{P^*} x_i^*$，$c_i = \left(\dfrac{\partial g}{\partial x_i}\right)_{P^*}$（$i = 1, 2, \cdots, n$），则功能函数 $g(x)$ 线性展开后的功能函数 $G(x)$ 可简记为下式：

137

$$g(x) \approx G(x) = c_0 + \sum_{i=1}^{n} c_i x_i \tag{4-22}$$

然后根据式（4-22），则 $G(x)$ 的均值 μ_G 和标准差 σ_G 如下：

$$\mu_G = c_0 + \sum_{i=1}^{n} c_i \mu_{x_i} \tag{4-23}$$

$$\sigma_G = \sum_{i=1}^{n} c_i^2 \sigma_{x_i}^2 \tag{4-24}$$

则根据可靠度指标 β 和失效概率 P_f 的定义则有

$$\beta = \frac{\mu_G}{\sigma_G} = \frac{c_0 + \sum_{i=1}^{n} c_i \mu_{x_i}}{\sqrt{\sum_{i=1}^{n} c_i^2 \sigma_{x_i}^2}} \tag{4-25}$$

$$P_f = \Phi(-\beta)$$

则当变量独立不相关的情况下，根据可靠度灵敏性的定义和复合函数求导法则，则有 $\dfrac{\partial P_f}{\partial \mu_{x_i}}$ 和 $\dfrac{\partial P_f}{\partial \sigma_{x_i}}$ 如下：

$$\frac{\partial P_f}{\partial \mu_{x_i}} = \frac{\partial P_f}{\partial \beta} \frac{\partial \beta}{\partial \mu_{x_i}} = -\frac{c_i}{\sqrt{2\pi} \sigma_G} \exp\left[-\frac{1}{2} \left(\frac{\mu_G}{\sigma_G}\right)^2 \right] \tag{4-26}$$

$$\frac{\partial P_f}{\partial \sigma_{x_i}} = \frac{\partial P_f}{\partial \beta} \frac{\partial \beta}{\partial \sigma_{x_i}} = \frac{c_i^2 \sigma_x \mu_G}{\sqrt{2\pi} \sigma_G^3} \exp\left[-\frac{1}{2} \left(\frac{\mu_G}{\sigma_G}\right)^2 \right] \tag{4-27}$$

当变量相关时，则采用下式进行可靠度对设计变量的灵敏度的计算：

$$\frac{\partial P_f}{\partial \mu_{x_i}} = -\frac{c_i}{\sqrt{2\pi} \sigma_G} \exp\left[-\frac{1}{2} \left(\frac{\mu_G}{\sigma_G}\right)^2 \right] \tag{4-28}$$

$$\frac{\partial P_f}{\partial \sigma_{x_i}} = \frac{\mu_G}{\sqrt{2\pi} \sigma_G^3} \left(c_i^2 \sigma_{x_i} + \sum_{j=1, j\neq i}^{n} c_i c_j \rho_{x_i x_j} \sigma_{x_j} \right) \exp\left[-\frac{1}{2} \left(\frac{\mu_G}{\sigma_G}\right)^2 \right] \tag{4-29}$$

$$\frac{\partial P_f}{\partial \rho_{x_i x_j}} = \frac{c_i c_j \sigma_{x_i} \sigma_x \mu_G}{2\sqrt{2\pi} \sigma_G^3} \exp\left[-\frac{1}{2} \left(\frac{\mu_G}{\sigma_G}\right)^2 \right] \tag{4-30}$$

设基本随机变量 $x = (x_1, x_2, \cdots, x_n)^T$ 的均值向量和标准差向量分别为 $\mu_x = (\mu_{x_1}, \mu_{x_2}, \cdots, \mu_{x_n})^T$ 和 $\sigma_x = (\sigma_{x_1}, \sigma_{x_2}, \cdots, \sigma_{x_n})^T$，采用迭代法求解可靠性灵敏度的步骤可总结如下：

STEP 1：

取基本变量的设计值 μ_x，作为初始 P^*。

STEP 2：

利用设计点 P^* 求解表达式 $\lambda_i = -\left(\dfrac{\partial g}{\partial x_i}\right)_{P^*} \sigma_{x_i} / \sqrt{\sum_{i=1}^{n} \left(\dfrac{\partial g}{\partial x_i}\right)_{P^*}^2 \sigma_{x_i}^2} = \cos \theta_i (i = 1, 2, \cdots, n)$ 的值。

STEP 3：

更新失效点 $x_i^* = \mu_{x_i} + \sigma_{x_i} \lambda_i \beta$，并入 $g(x) = 0$ 中，计算 β。

STEP 4：

根据 STEP3 中的 β，更新 $x_i^* = \mu_{x_i} + \sigma_{x_i} \lambda_i \beta$，产生新的 P^*。

STEP 5：

判断是否达到终止条件，若没有到达则重复上述过程中的 STEP 2 ~ STEP 4，达到则进行下一步。

STEP 6：

求得可靠度指标 β 后，运用式（4-26）、式（4-27）和式（4-28）~ 式（4-30）分别求解变量相关或者不相关情况下的灵敏度。

5. Rackwitz-Fiessler 方法

前面的一次二阶方法主要针对设计变量为正态分布下的零件可靠度的计算，在实际中，设计变量不一定呈正态分布。因此，需要将其由非正态分布变换为正态分布，然后用上一次二阶矩的方法对其进行求解，为了解决非正态分布向正态分析的转换，学者 Rackwitz R 和 Fiessler B 提出了一种等价正态变量算法。其原理如下：

假定基本变量服务从一特定的分布，其分布函数可表达为 $F_X(x)$，密度函数为 $f_X(x)$，则根据 Rackwitz-Fiessler，在一个特定点 x^* 处有

$$F_X(x^*) = \Phi\left(\frac{x^* - \mu'_x}{\sigma'_x}\right) \tag{4-31}$$

$$f_X(x^*) = \Phi'\left(\frac{x^* - \mu'_x}{\sigma'_x}\right) = \frac{1}{\sigma'_x} \varphi\left(\frac{x^* - \mu'_x}{\sigma'_x}\right) \tag{4-32}$$

取 $F_X(x^*)$ 函数的反函数则有

$$\frac{x^* - \mu'_x}{\sigma'_x} = \Phi^{-1}(F_X(x^*))，\mu'_x = x^* - \sigma'_x \Phi^{-1}(F_X(x^*)) \tag{4-33}$$

$$\sigma'_x = \frac{\varphi(\Phi^{-1}(F_X(x^*)))}{f_X(x^*)}$$

对于 $Z = g(x_1, x_2, \cdots, x_n)$，$x_i$ 分布函数可表达为 $F_X(x)$，密度函数

为 $f_X(x)$，则等价为正态分布的变量 x'_i 的均值和标准差为

$$\mu'_{x_i} = x_i^* - \sigma'_{x_i} \Phi^{-1}(F_{X_i}(x_i^*)) \qquad (4-34)$$

$$\sigma'_x = \frac{\varphi(\Phi^{-1}(F_{X_i}(x_i^*)))}{f_{X_i}(x_i^*)}$$

变换的等价正态随机变量 $x' = (x'_1, x'_2, \cdots, x'_n)$ 在设计点 $P^* = (x_1^{'*}, x_2^{'*}, \cdots, x_n^{'*})$ 对其功能函数进行泰勒展开，并取线性部分则有

$$g(x) \approx \sum_{i=1}^{n} \left(\frac{\partial g}{\partial x'_i}\right)_{P*} (x'_i - x_i^{'*}) = 0 \qquad (4-35)$$

将等价后的正态分析进行标准化：

$$y_i = \frac{x'_i - \mu'_{x_i}}{\sigma'_{x_i}}$$

$$y_i \sigma'_{x_i} + \mu'_{x_i} = x'_i$$

则

$$g(x) \approx \sum_{i=1}^{n} \left(\frac{\partial g}{\partial x'_i}\right)_{P*} (y_i \sigma'_{x_i} + \mu'_{x_i}) - \sum_{i=1}^{n} \left(\frac{\partial g}{\partial x'_i}\right)_{P*} (x_i^{'*}) = 0$$

$$(4-36)$$

将上式左右同乘 $-\left(\sum_{i=1}^{n} \left(\frac{\partial g}{\partial x'_i}\right)_{P*}^2 \sigma'^2_{x_i}\right)^{\frac{1}{2}}$，则有

$$-\sum_{i=1}^{n} \frac{\left(\frac{\partial g}{\partial x'_i}\right)_{P*} \sigma'_{x_i}}{\left(\sum_{i=1}^{n} \left(\frac{\partial g}{\partial x'_i}\right)_{P*}^2 \sigma'^2_{x_i}\right)^{\frac{1}{2}}} y_i = \frac{\sum_{i=1}^{n} \left(\frac{\partial g}{\partial x'_i}\right)_{P*} \mu'_{x_i} - \sum_{i=1}^{n} \left(\frac{\partial g}{\partial x'_i}\right)_{P*} x_i^{'*}}{\left(\sum_{i=1}^{n} \left(\frac{\partial g}{\partial x'_i}\right)_{P*}^2 \sigma'^2_{x_i}\right)^{\frac{1}{2}}}$$

$$(4-37)$$

定义：

$$\lambda_i = -\sum_{i=1}^{n} \frac{\left(\frac{\partial g}{\partial x'_i}\right)_{P*} \sigma'_{x_i}}{\left(\sum_{i=1}^{n} \left(\frac{\partial g}{\partial x'_i}\right)_{P*}^2 \sigma'^2_{x_i}\right)^{\frac{1}{2}}} = \cos\theta_i, \quad i = 1, 2, \cdots, n$$

$$(4-38)$$

可靠度 β：

$$\frac{\sum_{i=1}^{n}\left(\dfrac{\partial g}{\partial x'_i}\right)_{P*}\mu'_{x_i} - \sum_{i=1}^{n}\left(\dfrac{\partial g}{\partial x'_i}\right)_{P*}x_i^{'*}}{\left(\sum_{i=1}^{n}\left(\dfrac{\partial g}{\partial x'_i}\right)_{P*}^{2}\sigma_{x_i}^{'2}\right)^{\frac{1}{2}}} \tag{4-39}$$

则

$$\beta = \frac{\sum_{i=1}^{n}\left(\dfrac{\partial g}{\partial x'_i}\right)_{P*}\mu'_{x_i} - \sum_{i=1}^{n}\left(\dfrac{\partial g}{\partial x'_i}\right)_{P*}x_i^{'*}}{\left(\sum_{i=1}^{n}\left(\dfrac{\partial g}{\partial x'_i}\right)_{P*}^{2}\sigma_{x_i}^{'2}\right)^{\frac{1}{2}}} = \frac{\sum_{i=1}^{n}\left(\dfrac{\partial g}{\partial x'_i}\right)_{P*}(\mu'_{x_i} - x_i^{'*})}{\left(\sum_{i=1}^{n}\left(\dfrac{\partial g}{\partial x'_i}\right)_{P*}^{2}\sigma_{x_i}^{'2}\right)^{\frac{1}{2}}}$$

$$\tag{4-40}$$

通过上述表达式得到可靠度后，可以求得在标准正态坐标下的设计

点，利用 $y_i = \dfrac{x'_i - \mu'_{x_i}}{\sigma'_{x_i}}$ 求得在原坐标的设计点。

6. Monte Carlo 可靠性分析方法

假设结构的功能函数可以表示为

$$Z = g(x) = g(x_1, x_2, \cdots, x_n) \tag{4-41}$$

根据零件极限状态，将其分为安全区域、失效区域和临界状态，零件极限状态以 $g(x_1, x_2, \cdots, x_n) = 0$ 作为分界面。根据失效的定义，则其失效概率 P_f 可表示为

$$P_f = \int \cdots \int g(x) \leqslant 0 f_x(x_1, x_2, \cdots, x_n)\, d_{x_1}\, d_{x_2} \cdots d_{x_n} \tag{4-42}$$

式（4-42）中，$f_x(x_1, x_2, \cdots, x_n)$ 为设计变量 $x = (x_1, x_2, \cdots, x_n)^T$ 分布的联合概率密度函数。

当设计变更之间为独立且不相关时，则有

$$P_f = \int \cdots \int g(x) \leqslant 0 f_{x_1}(x_1) f_{x_2}(x_2) \cdots f_{x_n}(x_n)\, d_{x_1}\, d_{x_2} \cdots d_{x_n} \tag{4-43}$$

式中，$f_{x_i}(x_i)$ ($i = 1, 2, \cdots, n$) 为随机变量 x_i 服务分布的概率密度函数。

通常，式（4-42）只是特殊的情况（如极限状态方程为线性函数等）能够得出正确的解析解，对于非线性情况，失效概率的积分式无法得到解析解。这种情况下通常采用 Monte Carlo 数字模拟的方法实现这类问题的可靠度求解，同时若采样样本量足够大，就能保证 Monte Carlo 可靠性分析有

足够的精度。

基于 Monte Carlo 法求解失效概率 P_f 的基于思路是：由基本随机变量的联合概率密度函数 $f_x(x)$ 产生 N 个基本变量的随机样本 $x_j(j=1,2,\cdots,N)$，将这 N 个随机样本代入功能函数 g（x），统计落入失效域 $F=\{x: g(x) \le 0\}$ 的样本点数 N_f，用失效发生的频率 $\dfrac{N_f}{N}$ 近似代替失效概率 P_f，就可以近似得出失效概率估计值 $\hat{P}_f$，该思路可以解释如下：

失效概率的精确表达式为基本变量的联合概率密度函数在失效域中的积分，它可以改写为下式所示的失效域指示函数 $I_F(x)$ 的数学期望形式：

$$P_f = \int \cdots \int_{g(x) \le 0} f_x(x_1,\ x_2,\ \cdots,\ x_n)\ d_{x_1} d_{x_2} \cdots d_{x_n}$$

$$= \int \cdots \int_{R^n} I_F(x) f_x(x_1,\ x_2,\ \cdots,\ x_n)\ d_{x_1} d_{x_2} \cdots d_{x_n}$$

$$= E[I_F(x)] \tag{4-44}$$

式中，$I_F(x) = \{^{1,\ x \in F}_{0,\ x \notin F}$ 为失效域的指示函数；R^n 为 n 维变量空间；$E[\cdot]$ 为数学期望算子。

则可靠度为落入失效域 F 内样本点的个数 N_f 与总样本点的个数 N 之比即为失效概率的估计值 $\hat{P}_f$，即：

$$\hat{P}_f = \frac{1}{N} \sum_{j=1}^{N} I_F(x_j) = \frac{N_f}{N} \tag{4-45}$$

7. Monte Carlo 可靠性分析方法的计算步骤

（1）根据随机变量的分布类型和参数，采用一定的抽样方法，随机产生 N 组样本 $x_j = (x_{j1},\ x_{j2},\ \cdots,\ x_{jm})(j=1,\ 2,\ \cdots,\ N)$。

（2）将每一组样本 x_j 代入极限状态方程，判断其指示函数 $I_F(x_j)$ 值，满足相关条件则进行累加。

（3）按式求得失效概率估计值 $\hat{P}_f$。

采用 Monte Carlo 法进行可靠性分析的流程如图 4-6 所示。

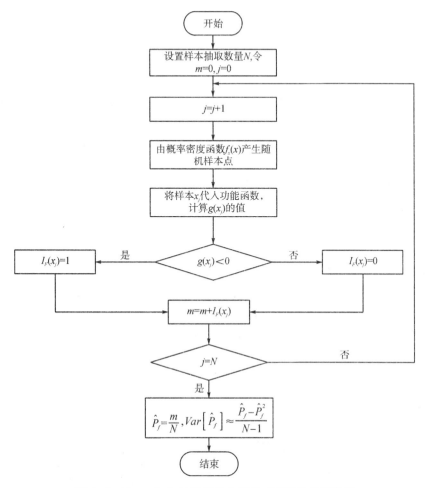

图4-6 Monte Carlo 法进行单失效模式可靠性分析流程

第三节 基于代理模型的结构可靠性及其灵敏度分析

一、基于 AQPSO-Kriging-RSM 代理模型

基于第三章的 AQPSO- Kriging 建立了齿轮设计参数与响应值的代理模型，但是 Kriging 代理模型无法直接提供建立的输入与输出之间近似模型函数的显式表达式。本书通过转换来实现其显示表达式的输出，但其无法得到多项式形式的数学表达式，且代理模型转换得到其带有 exp(x_i) 项的显

式表达式，但其相当复杂，长度为 70 000 个字符左右，不利用后续进行可靠性计算和优化设计的编程处理。为了简化，本书提出了以前述基于AQPSO- Kriging 建立的齿轮设计参数与响应值的近似模型为基础，采用多项式响应面进行拟合，得到齿轮设计参数与响应值之间的多项式形式的近似模型，前面建立的近似模型为建立响应面模型提供数据样本，为了得到更加精确的拟合效果，此处选择完全二次式响应面，并采用优化拉丁超立方试验设计方法对研究对象的设计变量在设计上下限之间抽取 4 000 个样本点来进行完全二次式拟合。建立了 ISIGHT-MATLAB 联合模拟仿真平台，实现 ISIGHT-MATLAB 平台的共享和交互，建立了参数之间的映射关系，在 ISIGHT 中采用前述中的优化的拉丁方实验的抽样方法，在各变量的上下限之间进行抽样，从而产生设计变量的抽样样本。基于建立的 ISIGHT-MATLAB "共享通道"，MATLAB 读取 ISIGHT 抽取的设计变量的抽样样本，并基于前面建立的齿轮设计参数与响应值的 Kriging 近似模型（预测模型），计算抽取的设计变量的抽样样本的响应值，并通过"共享通道"反馈给 ISIGHT，并在 ISIGHT 中建立二项式响应面模型，并对建立的代理模型中设计变量间以及设计变量和输出响应之间的相关性、设计变量对输出响应的显著程度等进行了分析。拟合后的残差图如图 4-7 所示，如图可以看出，利用响应面方法能实现对训练样本的复现，误差绝对值在 2MPA 以内。

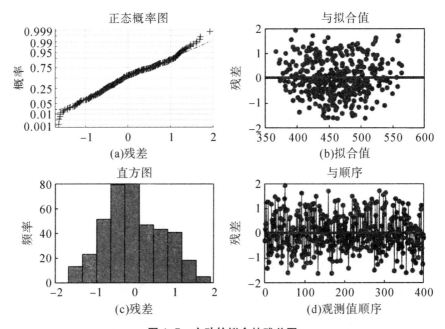

图 4-7　主动轮拟合的残差图

通过拟合建立了二项式响应面模型，响应面的（2-3）中的各项系数如表所示：

$$y = 892.858\ 100\ 838\ 364 - 48.423\ 999\ 527\ 618\ 9x_1 -$$
$$129.022\ 376\ 574\ 498x_2 + 27.192\ 813\ 056\ 059\ 1x_3 -$$
$$2.389\ 103\ 030\ 114\ 89x_4 + 3.193\ 060\ 434\ 573\ 58x_5 +$$
$$0.842\ 196\ 301\ 494\ 258x_1^2 + 7.032\ 929\ 298\ 297\ 66x_2^2 -$$
$$0.351\ 359\ 457\ 639\ 97x_3^2 + 0.001\ 935\ 764\ 824\ 886\ 64x_4^2 -$$
$$0.002\ 379\ 628\ 652\ 542\ 3x_5^2 + 0.575\ 348\ 586\ 969\ 959x_1x_2 +$$
$$0.117\ 854\ 563\ 490\ 473x_1x_3 + 0.018\ 661\ 485\ 244\ 802\ 3x_1x_4 -$$
$$0.033\ 813\ 474\ 001\ 033\ 6x_1x_5 - 0.362\ 050\ 425\ 259\ 949x_2x_3 +$$
$$0.137\ 695\ 997\ 619\ 272x_2x_4 - 0.261\ 469\ 117\ 268\ 301x_2x_5 -$$
$$0.000\ 518\ 333\ 663\ 425\ 921x_3x_4 + 0.000\ 487\ 903\ 474\ 894\ 235x_3x_5 -$$
$$0.000\ 136\ 289\ 867\ 271\ 496x_4x_5 \tag{4-46}$$

下面具体分析其参数对响应面参数的影响。图4-8为拟合后的响应面输出的分布，图4-9为各变量及其组各对接触应力的影响的显著程度，灰色表示负影响，黑色为正影响。

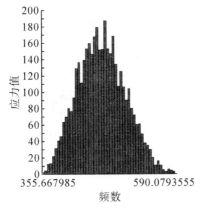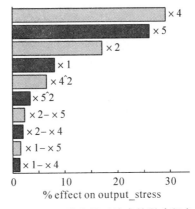

图4-8　响应面输出分布　　图4-9　设计变量对输出的影响程序

根据图4-8可以看出，响应面的输出（接触应力）呈正态分布。从图4-9可以看出，设计变量中压力角、模数、力矩、齿线半径对接触应力的影响逐渐增加，且力矩的增大与应力的增大成正比关系，齿宽对其的影响不显著，可以不考虑，则在后续分析设计中，可视为定值。

图4-10（a）到4-10（e）为设计变量与输出之间的相关散点图。散点图说明了自变量的变化引起接触应力的分布，各图中的实线说明了在自变量变化的情况下，对应的接触应力的变化趋势，即表征了接触应力的变化与设计变量变化的相关性。若减小则负相关，增大则为正相关。因

此，可以看出，齿宽对接触应力的影响几乎可以不考虑，其次，地压力角、模数、半径、力矩的影响依次增大，但力矩的影响是正相关，其他三个为负相关，齿宽基本不相关参数，这与第三章的结论一致，则说明采用本章提出的方法建立设计变量与接触应力之间的关系表达式，得到上正确结果，可以用于后续的可靠性分析及其稳健优化设计。

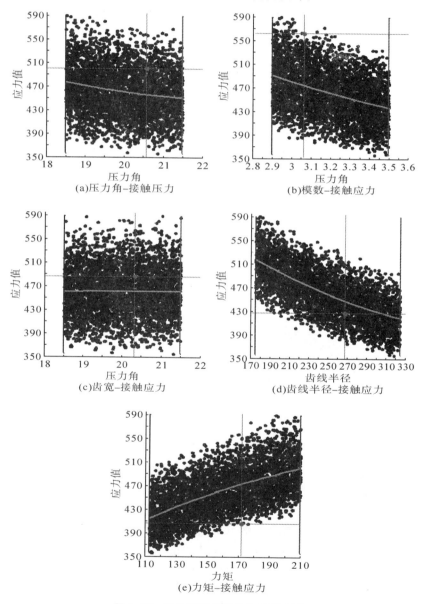

图4-10 设计变量与接触应力散点图

从图4-11（a）可以看出，压力角、模数、齿宽、力矩、齿线半径5
个设计变量对齿轮的接触应力有着不同的影响，其中齿宽的影响程度可以
不计，依次为齿线半径、力矩、模数 、压力角，齿线半径、模数 、压力
角三者对其的影响呈负相关，力矩为相关。图4-11（b）-图4-11（u）为设
计变量两两交互情况下对响应的影响程序，若平行则为无交互作用，两条
线不平行或交叉，则表示交互作用。

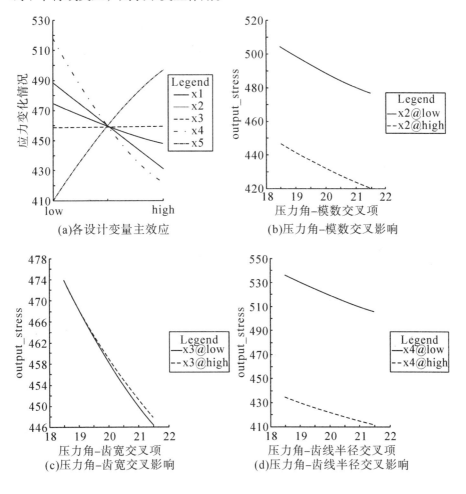

(a)各设计变量主效应　　　　　(b)压力角-模数交叉影响

(c)压力角-齿宽交叉影响　　　　(d)压力角-齿线半径交叉影响

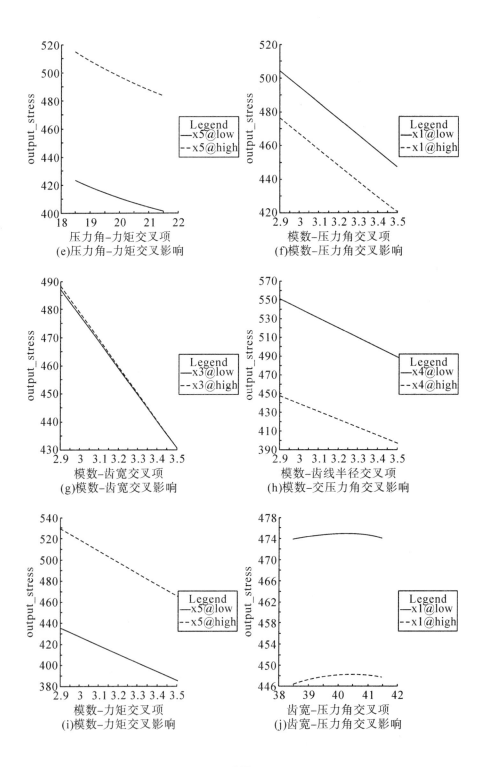

(e)压力角-力矩交叉影响

(f)模数-压力角交叉影响

(g)模数-齿宽交叉影响

(h)模数-交压力角交叉影响

(i)模数-力矩交叉影响

(j)齿宽-压力角交叉影响

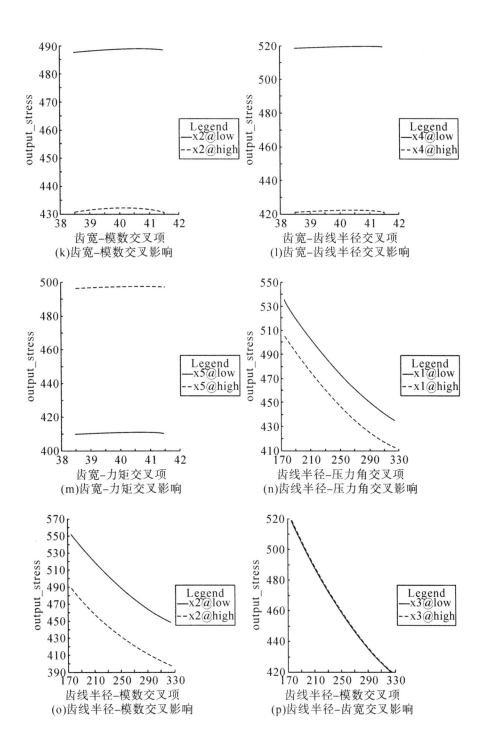

(k)齿宽–模数交叉影响

(l)齿宽–齿线半径交叉影响

(m)齿宽–力矩交叉影响

(n)齿线半径–压力角交叉影响

(o)齿线半径–模数交叉影响

(p)齿线半径–齿宽交叉影响

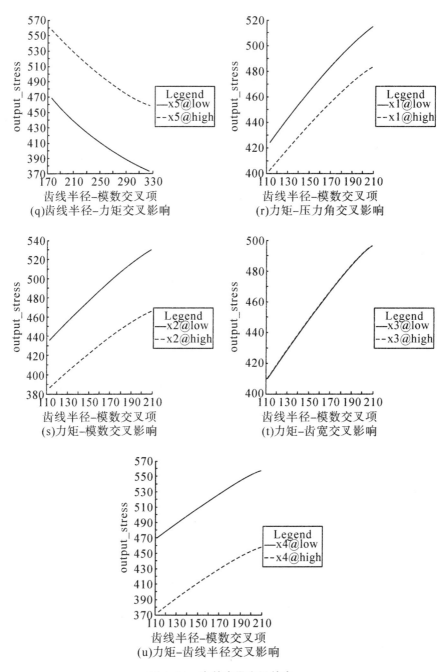

图 4-11　主效应及交叉效应

用同样的方法对从动轮进行拟合，拟合后的残差图如图 4-12 所示，如图可以看出，利用响应面方法能实现对训练样本的复现，误差绝对值在 4MPA 以内。

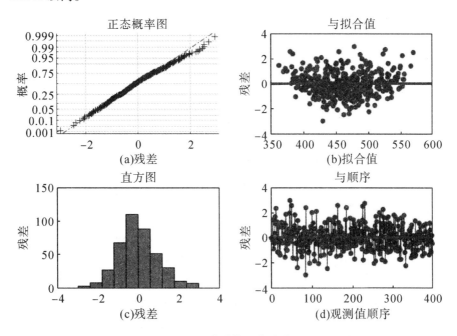

图 4-12 从动轮拟合残差图

根据式（2-3），得到拟合后的响应面多项式的数学表达式为

$$
\begin{aligned}
y =\ & 1\,100.036\,088\,775\,08 - 44.750\,725\,164\,862\,8x_1 - \\
& 211.367\,105\,951\,852x_2 + 23.623\,040\,902\,942\,5x_3 - \\
& 2.388\,892\,573\,469\,23x_4 + 2.807\,990\,157\,765\,17x_5 + \\
& 0.176\,475\,110\,516\,103x_1^2 + 17.795\,545\,934\,969\,5x_2^2 - \\
& 0.328\,070\,300\,155\,458x_3^2 + 0.001\,844\,286\,599\,101\,79x_4^2 - \\
& 0.002\,071\,566\,953\,654\,96x_5^2 + 3.838\,841\,595\,060\,6x_1x_2 + \\
& 0.396\,215\,057\,152\,172x_1x_3 + 0.019\,059\,271\,814\,143\,9x_1x_4 - \\
& 0.029\,804\,477\,172\,510\,6x_1x_5 - 1.808\,925\,797\,739\,1x_2x_3 + \\
& 0.128\,775\,672\,814\,824x_2x_4 - 0.210\,856\,040\,124\,874x_2x_5 + \\
& 0.001\,351\,861\,041\,263\,58x_3x_4 + 0.002\,219\,945\,285\,528\,18x_3x_5 - \\
& 0.000\,245\,405\,618\,327\,166x_4x_5
\end{aligned}
$$

$$(4\text{-}47)$$

二、基于 AFOSM 方法的变双曲圆弧齿线圆柱齿轮接触强度可靠性研究及其灵敏度分析

根据前面所述的 AFOSM 可靠度和灵敏度计算方法，以及在第三章节中建立的变双曲圆弧齿线圆柱齿轮的输入参数（压力角、齿宽、模数、齿线半径、力矩）与输出（接触应力）之间的代理模型，计算变双曲圆弧齿线圆柱齿轮接触强度可靠性和相对于各设计变量的、均值和方差的敏感度。可靠度指标、失效概率及相应的灵敏度和灵敏度系数为

$$\beta = 10.796\ 209\ 588\ 815\ 5 \tag{4-48}$$

$$P_f = 1.793\ 538\ 326\ 955\ 980\mathrm{e} - 27 \tag{4-49}$$

$$\frac{\partial P_f}{\partial \beta}\frac{\partial \beta}{\partial \mu^T} = 1\ 0^{-27} \times \begin{bmatrix} -7.130\ 488\ 466\ 219\ 23 \\ -61.364\ 464\ 318\ 716\ 8 \\ 0.156\ 137\ 127\ 583\ 956 \\ -0.693\ 084\ 731\ 665\ 894 \\ 0.343\ 260\ 703\ 833\ 141 \end{bmatrix} \tag{4-50}$$

$$\frac{\partial P_f}{\partial \beta}\frac{\partial \beta}{\partial \sigma^T} = 1\ 0^{-26} \times \begin{bmatrix} 1.405\ 557\ 585\ 058\ 74 \\ 20.819\ 676\ 167\ 573\ 3 \\ 0.000\ 673\ 941\ 888\ 692\ 689 \\ 0.663\ 976\ 558\ 991\ 730 \\ 0.105\ 145\ 764\ 493\ 842 \end{bmatrix} \tag{4-51}$$

$$\lambda_i = -\left(\frac{\partial g}{\partial x_i}\right)_{x_i = \mu_{xi}} \sigma_{x_i} \Big/ \sqrt{\sum_{i=1}^{n}\left(\frac{\partial g}{\partial x_i}\right)^2_{x_i = \mu_{xi}} \sigma_{x_i}^2} = \cos\theta_i =$$

$$\begin{bmatrix} -0.185\ 673\ 568\ 791\ 041 \\ -0.392\ 180\ 640\ 139\ 827 \\ 0.004\ 795\ 506\ 916\ 461\ 43 \\ -0.672\ 604\ 954\ 048\ 888 \\ 0.599\ 415\ 757\ 429\ 034 \end{bmatrix} \tag{4-52}$$

根据计算和分析结果，随着压力角、齿宽、模数、刀具半径的增加，其失率低降低，可靠性增强。但随着力矩的增加，其失效率增加，可靠性降低。

三、基于 Markov Chain Monte Carlo（MCMC）方法变双曲圆弧齿线圆柱齿轮接触强度可靠性分析

1. 基于 Markov Chain Monte Carlo 的重要采样及其可靠度计算

采用 Monte Carlo 方法进行可靠性计算的核心思想是随机抽取一定数量的样本，统计各样本落在失效区域的概率问题。样本数量的抽取主要是直接抽样和重要抽样两种方法，利用直接抽样产生样本往往都在均值点附近，然而均值点附近的样本一般情况落在极限状态面上的可能性较小，因此对于小失效概率的系统而言，采用直接抽样进行可靠性计算的计算效率和精度都受到了一定的限制。重要抽样通过改变抽样的中心点，增加了样本点落入失效区域的机会。为了进一步提高变双曲圆弧齿线圆柱齿轮接触强度可靠性，本书采用基于重要抽样的 Monte Carlo 方法来计算变双曲圆弧齿线圆柱齿轮接触强度可靠性，并针对重要抽样中的最优抽样密度函数不易求解的问题，基于 Metropolis-Hastings 准则来模拟样本抽样，构造最优抽样密度函数，然后利用重要抽样来实现基于重要抽样的 Monte Carlo 方法变双曲圆弧齿线圆柱齿轮接触强度可靠性研究。

（1）重要抽样

根据式（4-44），则有

$$P_f = \int g(x) \leqslant 0 f_x(x)\,dx = \int R^n I_F[g(x)]f_x(x)\,dx = E[I_F[g(x)]] \tag{4-53}$$

为了满足改变抽样的中心点，增加样本点落入失效区域的机会，则有

$$P_f = \int R^n \frac{I_F[g(v)]f_x(v)}{p_V(v)} p_V(v)\,dv = E\left[\frac{I_F[g(v)]f_x(v)}{p_V(v)}\right] \tag{4-54}$$

在式（4-54）中，$p_V(v)$ 则是重要抽样中的抽样密度函数，通过 $p_V(v)$ 增加了样本点落入失效区域的机会。若大多数的样本都落在失效区域中，也无形中增加了失效的可能性。因此，对于抽样的中心点选择，一般做法是利用 FOSM 或者 AFOSM 求解出最可能的失效点，以最可能失效点为抽样中心进行抽样。

根据式（4-54），则有

$$\hat{P}_f = E\left[\frac{I_F[g(v)]f_x(v)}{p_V(v)}\right] = \frac{1}{N}\sum_{i=1}^{N} \frac{I_F[g(v_i)]f_x(v_i)}{p_V(v_i)} \tag{4-55}$$

设 $h_V(v) = \dfrac{I_F[g(v)]f_x(v)}{p_V(v)}$，$h_V(v_i)$ 则为样本值，无论 $h_V(v)$ 服从何种分布，根据数理统计理论，都有下式满足：

$$\mu_{\hat{P}_f} = \mu_{h_V(v)}, \quad \sigma^2_{\hat{P}_f} = \sigma^2_{h_V(v)}/N \tag{4-56}$$

根据式（4-56）和式（4-54）得到 $\hat{P}_f$ 的方差值为

$$\sigma^2_{\hat{P}_f} = \frac{\sigma^2_{h_V(v)}}{N} = \frac{1}{N}E\left[\frac{I_F[g(v)]f_x^2(v)}{p_V^2(v)}\right] - \frac{1}{N}p_f^2 = \frac{1}{N}\int R^n \frac{I_F[g(v)]f_x^2(v)}{p_V(v)}dv - \frac{1}{N}p_f^2 \tag{4-57}$$

根据式（4-57）可知，当 $p_V(v) = \displaystyle\int_{v \in g(v) < 0} f_x(v)dv$ 时，$\hat{P}_f$ 的方差值最小。此时则有

$$h_V(v) = \frac{I_F[g(v)]f_x(v)}{\displaystyle\int_{v \in g(v) < 0} f_x(v)dv} \tag{4-58}$$

式（4-54）被称为最优重要抽样的抽样密度函数。

（2）舍选法产生随机数的过程

通过舍选法产生随机数，核心思想是选取的随机数是否满足一个判定准则。若满足则为有效的随机数，若不满足则重新产生随机数。假设变量 $x \in [a, b]$，且其概率密度函数为 $f(x)$，在 $x \in [a, b]$ 上，$f(x)$ 存在着上界值。其值为 $f_0 = \sup\limits_{a \le x \le b} f(x)$。那么利用舍选法产生随机数的具体过程如下：

①在 [0, 1] 均匀分布产生二个随机数 R_1，R_2。

②取 $x = a + (b - a)R_1$，并计算函数值 $f(x) = f(x = a + (b - a)R_1)$。

③判别 $R_2 f_0 < f(a + (b - a)R_1)$ 是否成立。若成立取 $x = a + (b - a)R_1$ 为新产生的随机数，当时的随机值 $x = a + (b - a)R_1$。若不成立继续返回步骤 1 进行循环产生新的样本数。

（3）Markov Chain 模拟样本过程

在利用 Markov Chain 模拟样本前，我们要选择一个概率密度函数 $f^*(\xi|x)$，且 $\forall \xi$，$f^*(\xi|x) = f^*(x|\xi)$，并定义 $q(x) = I_F(x)f(x)$，那么在做好上述准备后可按如下的步骤实现 Markov Chain 模拟样本过程。

①初始化 Markov Chain 的状态值 $X^{(0)}$（在失效区域内随机产生或者是确定产生）。

②利用舍选法根据 $f^*(\xi|x)$ 产生 $X^{(i)}$ 状态下的随机数 $\xi = a + (b - a)$

R_1，并计算 $r = q(\xi)/q(X^{(i)})$。

③根据 Metropolis-Hastings 准则确定 Markov Chain 的下一状态值 $X^{(i+1)}$。

④重复步骤②③直到样本数达到所需要的样本数。

（4）基于 Markov Chain 模拟样本的重要抽样及可靠度计算

①根据 Markov Chain 模拟样本过程生成的状态点 $X^{(i)}$，计算其 μ_i 均值和方差 σ_i。

②利用 $f^*(\xi\mid x)$ 作为新的重要抽样的抽样密度函数，以 μ_i 为抽样中心，在区间 $[\mu_i - 3\sigma_i, \mu_i + 3\sigma_i]$ 利用重要抽样技术进行抽样。

③利用式（4-55）计算可靠度。

2. 基于 Markov Chain Monte Carlo 的变双曲圆弧齿线圆柱齿轮接触强度可靠性研究

根据前面所述的重要采样技术和可靠计算方法，在第 2 章节中建立的变双曲圆弧齿线圆柱齿轮的输入参数（压力角、齿宽、模数、齿线半径、力矩）与输出（接触应力）之间的代理模型，计算了变双曲圆弧齿线圆柱齿轮接触强度可靠性和可靠度相对于各设计变量的均值和方差的敏感度。结果如下：

$$P_f = 1.728\,383\,308\,475\,67\mathrm{e} - 27 \tag{4-59}$$

计算精确与 AFOSM 比较，两者的精度接近，其失效率很低。

图 4-13 为各变量之间的样本情况，其中 6 个彩色样本点，样本点色和样本线条（极限状态）色相对应，从图中可以看出，样本点均在 AFOSM 算法确定的失效点附近，提高了可靠度计算的精度和可靠性，验证了本书的基于 Metropolis-Hastings 准则的 Markov Chain 样本模拟抽样，同时也反映了齿宽对其输出的影响情况。根据 MCMC 算法求解出的可靠度与 AFOSM 算法得到的可靠度的数值上相近，即两者相互进行了验证。

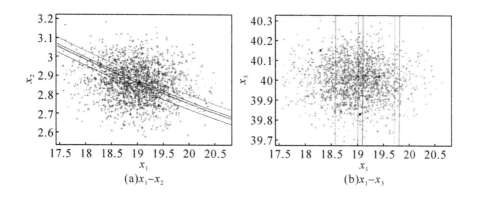

(a)x_1-x_2　　(b)x_1-x_3

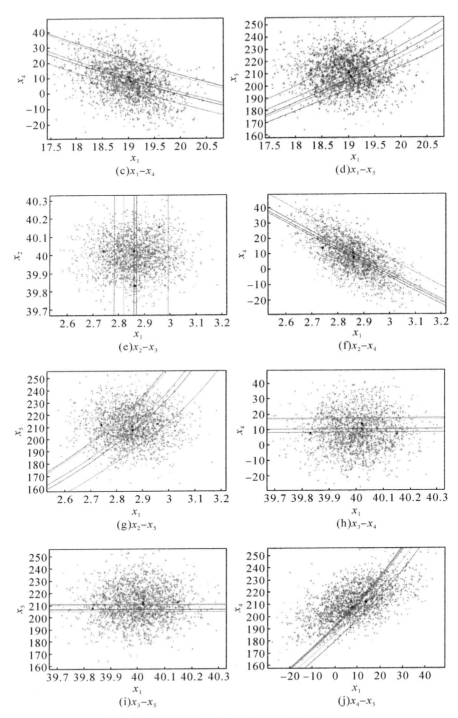

图 4-13　基于 Markov Chain 样本抽样模拟样本分布

第四节　考虑强度退化的曲线圆弧齿轮接触可靠性分析

在实际情况中，材料的强度并非是一个常数值，工作中由于腐蚀、老化等因素，齿轮材料的强度呈现逐渐衰减的趋势，因此，随着工作时间的变化，材料的强度在降低，应力-强度干涉模型中常规设计的安全余量在减少，从而降低了齿轮的可靠性。本书主要讨论考虑材料强度退化的齿轮的可靠度和灵敏度的问题。

一、材料强度退化模型

1. 伽马随机过程

假定材料的强度 σ 退化是时间 t 的函数 $\sigma(t)$，根据相关文献，材料的 $\sigma(t)$ 通常情况下服从指数、幂函数、伽马规律。本书主要研究服从伽马规律的强度退化情况。

$D(t)$，$t \geq 0$ 为伽马随机过程，且满 $D(t)$，$t \geq 0$ 具有如下特性：

（1）$D(0) = 0$；

（2）$D(t)$ 在非相交区间（$t > s \geq 0$）中，$D(t) - D(s)$ 增量为独立值，且 $D(t) - D(s)$ 服从伽马分布。

定义伽马函数为

$$\Gamma(v) = \int_0^\infty t^{v-1} e^{-1} dt \tag{4-60}$$

则其分布函数为

$$Ga(d \mid v,\ u) = \frac{u^v}{\Gamma(v)} d^{v-1} e^{-ud} I_{(0,\ \infty)}(d),\ u > 0,\ v > 0 \tag{4-61}$$

上式中，$I_A(d)$ 为示性函数，$d \in A$，$I_A(d) = 1$，否则为 $I_A(d) = 0$。

$$E[D(t)] = \frac{v(t)}{u} \tag{4-62}$$

$$\mathrm{Var}[D(t)] = \frac{v(t)}{u^2} \tag{4-63}$$

2. 基于 P-S-N 的材料强度退化模型

在用伽马过程描述强度退化规律时主要需要确定其中涉及的参数 u，v，本书基于 P-S-N 曲线来拟合过程参数 u，v。在传统的 S-N 曲线中，反映了材料的强度与循环次数的关系，随着其循环次数的增加，材料的承载能力逐步降低。利用成组法测试材料的 S-N 曲线时，相同应力水平下的材料的工作寿命并不相同，其寿命是分散的，呈一种特定的概率分布。P-S-N 曲线则考虑了材料的存活率，如图 4-14 所示。

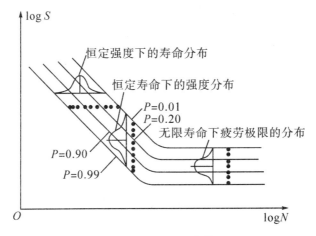

图 4-14　P-S-N 曲线

图 4-14 信息反馈更加全面。通过 P-S-N 曲线，可以对伽马过程的参数 u，v 进行估计。具体估计过程如下：

（1）对于 17CrNiMo6 的 S-N 曲线可以用幂函数、指数函数、四参数幂函数、三参数幂函数，本书采用幂函数：

$$S^m N = C \Rightarrow S = \sqrt[m]{\frac{C}{N}} \tag{4-64}$$

式中，S 为加载的应力幅，N 为疲劳寿命，C、m 为常数且与材料、试件的形状等相关。

（2）根据伽马的函数描述可以知道，伽马过程是一个关于时间的函数，则将疲劳试验中的疲劳寿命 N 表达为一个含时间 t 的关系式，把 P-S-N 曲线转换为与时间相关的 P-S-t 曲线。

$$N = f(t) \Rightarrow s = \sqrt[m]{\frac{C}{f(t)}} \tag{4-65}$$

（3）假设 P-S-t 曲线为 m 条独立的 S-t 曲线，定义 $\Delta \hat{D}_{ij} = S_{pi}(t_j) - S_{pi}(t_{j+1})$，且 $t \geq 0$ 为当存活率为 p_i 时的 S-t 曲线在 $[t_j, t_{j+1}]$ 时间区间内的强度退化，那么在 $[t_j, t_{j+1}]$ 时间区间内 $\Delta \hat{D}_{ij} = S_{pi}(t_j) - S_{pi}(t_{j+1})$，且 $t \geq 0$

的均值和方差则可以表示为

$$\hat{\mu}_j = \frac{1}{m} \sum_{i=1}^{m} \Delta \hat{D}_{ij} \tag{4-66}$$

$$\hat{\sigma}_i^2 = \frac{1}{m-1} \sum_{i=1}^{m} (\Delta \hat{D}_{ij} - \frac{1}{m} \sum_{i=1}^{m} \Delta \hat{D}_{ij})^2 \tag{4-67}$$

（4）根据 $D(t)$ 在非相交区间（$t > s \geq 0$）中，$D(t) - D(s)$ 增量为独立值，且 $D(t) - D(s)$ 服从伽马分布，则在确定的 j 下，$\Delta D_{ij} = S_{pi}(t_j) - S_{pi}(t_{j+1})$，且 $t \geq 0$ 也可被定义为 S-t 曲线。在 $[t_j, t_{j+1}]$ 时间区间内的强度退化，且 ΔD_{ij} 服务伽马分布，伽马分布的参数尺度为 μ，形状参数为 $\upsilon(t_{j+1}) - \upsilon(t_j)$。假设 $\upsilon(t)$ 可以用数学式表达为 $\upsilon(t) = at$，则

$$E[\Delta D_{ij}] = \frac{\upsilon(t_{j+1}) - \upsilon(t_j)}{u_j} = \frac{a_j t_{j+1} - a_j t_j}{u_j} = \frac{a_j(t_{j+1} - t_j)}{u_j} \tag{4-68}$$

$$\mathrm{Var}[\Delta D_{ij}] = \frac{\upsilon(t_{j+1}) - \upsilon(t_j)}{u_j^2} = \frac{a_j t_{j+1} - a_j t_j}{u_j^2} = \frac{a_j(t_{j+1} - t_j)}{u_j^2} \tag{4-69}$$

根据式（4-68）和式（4-69）则有

$$\frac{E[\Delta D_{ij}] = \dfrac{a_j(t_{j+1} - t_j)}{u_j}}{\mathrm{Var}[\Delta D_{ij}] = \dfrac{a_j(t_{j+1} - t_j)}{u_j^2}} = \frac{\hat{\mu}_j}{\hat{\sigma}_j^2} = u_j \Rightarrow \hat{u} = \frac{1}{n} \sum_{j=1}^{1} u_j = \frac{1}{n} \sum_{j=1}^{1} \frac{\hat{\mu}_j}{\hat{\sigma}_j^2} \tag{4-70}$$

$$E[\Delta D_{ij}] + \mathrm{Var}[\Delta D_{ij}] = \frac{(u_j + 1) a_j(t_{j+1} - t_j)}{u_j^2}$$

$$= \hat{\mu}_j + \hat{\sigma}_j^2 \Rightarrow a_j = \frac{u_j^2(\hat{\mu}_j + \hat{\sigma}_j^2)}{(u_j + 1)(t_{j+1} - t_j)}$$

$$\Rightarrow \hat{a} = \frac{1}{n} \sum_{j=1}^{1} a_j = \frac{1}{n} \sum_{j=1}^{1} \frac{u_j^2(\hat{\mu}_j + \hat{\sigma}_j^2)}{(u_j + 1)(t_{j+1} - t_j)} \tag{4-71}$$

那么根据上面可以估计出用伽马过程描述强度退化规律时的参数 u, υ。

3. 变双曲圆弧齿线圆柱齿轮强度退化模型

根据文献，可得到材料 17CrNiMo6 的 P-S-N 曲线参数，如表 4-1 所示。

表 4-1　17CrNiMo6 的 P-S-N 曲线参数

存活率 p	方程常数 C	方程指数 m	疲劳极限 σ_{Hlim}
$p = 0.5$	2.66E34	8.577 316	1 310
$p = 0.6$	1.92E34	8.539 085	1 300
$p = 0.7$	1.36E34	8.498 181	1 290
$p = 0.8$	9.08E33	8.450 311	1 280
$p = 0.9$	5.18E33	8.383 923	1 270
$p = 0.95$	3.26E33	8.329 099	1 260
$p = 0.99$	1.37E33	8.226 256	1 240
$p = 0.999$	5.17E32	8.110 982	1 210
$p = 0.999\ 9$	2.31E32	8.016 095	1 190

（1）主动齿轮的强度退化模型

已知齿轮的转速 $n = 1\ 440 r/\min$，如果以小时为单位，则 N 与时间 t 的关系可以表达为

$$N = f(t) = 1\ 440 \times 60 \times t \tag{4-72}$$

根据前面所述将 S-N 转换为 S-t，则有

$$p = 0.5,\ S = \sqrt[8.577\ 316]{2.66 \times 10^{34}/1\ 440 \times 60 \times t}$$

$$p = 0.6,\ S = \sqrt[8.539\ 085]{1.92 \times 10^{34}/1\ 440 \times 60 \times t}$$

$$p = 0.7,\ S = \sqrt[8.498\ 181]{1.36 \times 10^{34}/1\ 440 \times 60 \times t}$$

$$p = 0.8,\ S = \sqrt[8.450\ 311]{9.08 \times 10^{33}/1\ 440 \times 60 \times t}$$

$$p = 0.9,\ S = \sqrt[8.383\ 923]{5.18 \times 10^{33}/1\ 440 \times 60 \times t}$$

$$p = 0.95,\ S = \sqrt[8.329\ 099]{3.26 \times 10^{33}/1\ 440 \times 60 \times t}$$

$$p = 0.99,\ S = \sqrt[8.226\ 256]{1.37 \times 10^{33}/1\ 440 \times 60 \times t}$$

$$p = 0.999,\ S = \sqrt[8.110\ 982]{5.17 \times 10^{32}/1\ 440 \times 60 \times t}$$

$$p = 0.999\ 9,\ S = \sqrt[8.016\ 095]{2.31 \times 10^{32}/1\ 440 \times 60 \times t} \tag{4-73}$$

取任意时间区间

$$[t_1,\ t_2] = [1\ 000,\ 2\ 000],\ [t_j,\ t_{j+1}]$$
$$= [j \times 1\ 000,\ (j + 1) \times 1\ 000],\ j = 2,\ 3,\ 4,\ \cdots,\ 9$$

160

求解得到在不同时间区间中的参数 u、a 以及伽马过程描述强度退化规律时的参数表（见表4-2）。

表4-2 参数 u、a 的估计值

j	参数 u	参数 a
1	106.023 8	9.969 949
2	145.029 1	7.468 025
3	181.160 4	6.349 174
4	215.399 7	5.678 994
5	248.287 6	5.220 133
6	280.145 2	4.880 459
7	311.181 1	4.615 751
8	341.539 7	4.401 800
9	371.326 5	4.224 099

$$\hat{u} = \frac{1}{n}\sum_{j=1}^{1} u_j = \frac{1}{n}\sum_{j=1}^{1} \frac{\hat{\mu}_j}{\hat{\sigma}_i^2} = 244.454\ 801\ 465\ 876 \qquad (4-74)$$

$$\hat{a} = \frac{1}{n}\sum_{j=1}^{1} \frac{u_j^2(\hat{\mu}_j + \hat{\sigma}_i^2)}{(u_j + 1)(t_{j+1} - t_j)} = 5.867\ 598\ 333\ 541\ 98 \qquad (4-75)$$

主动轮的材料服从参数为 $u = 244.455\ 0$，$\nu = 5.8676$ 伽马分布。主动轮的强度退化量如图4-15所示。

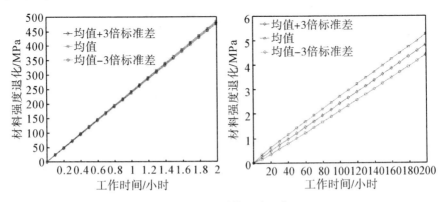

图4-15 主动轮强度退化

利用 matlab 生成符合从参数为 $u = 244.455\,0$，$\nu = 5.867\,6$ 的伽马分布，如图 4-16 所示。

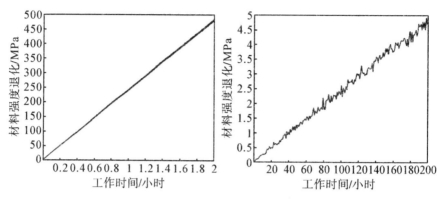

图 4-16 主动轮强度退化（matlab 随机过程）

根据前面的理论推导可知，主动轮材料的强度服从参数为 $u = 244.455\,0$，$\nu = 5.867\,6$ 伽马分布，则有

$$Ga(\delta \mid v,\ u) = \frac{u^v}{\Gamma(v)} \delta^{v-1} e^{-ud} = \frac{244.455\,0^{5.867\,6t}}{\Gamma(5.867\,6t)} \delta^{5.867\,6t-1} e^{-244.455\,0\delta}$$

$$(4-76)$$

（2）从动齿轮的强度退化模型

已知主动齿轮的转速 $n = 1\,440r/\min$，传动比为 2，则从动轮的转速为 $n = 720r/\min$。

$$N = f(t) = 720 \times 60 \times t$$

根据前面所述将 S-N 转换为 S-t，则有

$$p = 0.5,\ S = \sqrt[8.577\,316]{2.66 \times 10^{34}/720 \times 60 \times t}$$

$$p = 0.6,\ S = \sqrt[8.539\,085]{1.92 \times 10^{34}/720 \times 60 \times t}$$

$$p = 0.7,\ S = \sqrt[8.498\,181]{1.36 \times 10^{34}/720 \times 60 \times t}$$

$$p = 0.8,\ S = \sqrt[8.450\,311]{9.08 \times 10^{33}/720 \times 60 \times t}$$

$$p = 0.9,\ S = \sqrt[8.383\,923]{5.18 \times 10^{33}/720 \times 60 \times t}$$

$$p = 0.95,\ S = \sqrt[8.329\,099]{3.26 \times 10^{33}/720 \times 60 \times t}$$

$$p = 0.99,\ S = \sqrt[8.226\,256]{1.37 \times 10^{33}/720 \times 60 \times t}$$

$$p = 0.999,\ S = \sqrt[8.110\,982]{5.17 \times 10^{32}/720 \times 60 \times t}$$

$$p = 0.999\ 9,\ S = \sqrt[8.016\ 095]{2.31 \times 1\ 0^{32}/720 \times 60 \times t} \qquad (4\text{-}77)$$

取任意时间区间：

$$[\,t_1,\ t_2\,] = [\,1\ 000,\ 2\ 000\,],$$

$$[\,t_j,\ t_{j+1}\,] = [\,j \times 1\ 000,\ (j+1) \times 1\ 000\,],\ j = 2,\ 3,\ 4,\ \cdots,\ 9$$

求解得到在不同时间区间中的参数 u、a 以及伽马过程描述强度退化规律时的参数表，见表4-3。

表4-3　参数 u、a 的估计值

j	参数 u	参数 a
1	150.624 8	15.390 66
2	193.178 6	10.808 85
3	233.806 9	8.903 911
4	272.491 2	7.806 344
5	309.647 7	7.073 964
6	345.591 1	6.541 962
7	380.545 5	6.133 432
8	414.674 1	5.807 157
9	448.099 3	5.538 852

$$\hat{u} = \frac{1}{n}\sum_{j=1}^{1} u_j = \frac{1}{n}\sum_{j=1}^{1} \frac{\hat{\mu}_j}{\hat{\sigma}_i^2} = 305.406\ 562\ 754\ 135 \qquad (4\text{-}78)$$

$$\hat{a} = \frac{1}{n}\sum_{j=1}^{1} \frac{u_j^2(\hat{\mu}_j + \hat{\sigma}_i^2)}{(u_j + 1)(t_{j+1} - t_j)} = 8.222\ 792\ 892\ 031\ 64 \qquad (4\text{-}79)$$

从动轮的材料则服从参数为 $u = 305.406\ 6$，$\nu = 8.222\ 8$ 伽马分布，则其从动轮的强度退化量如图4-17所示。

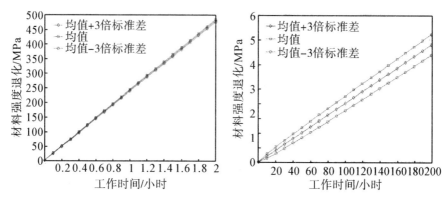

图 4-17　从动轮强度退化

利用 matlab 生成符合服从参数为 $u=305.406\,6$，$v=8.222\,8$ 伽马分布，如图 4-18 所示。

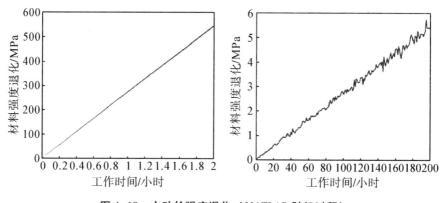

图 4-18　主动轮强度退化（MATLAB 随机过程）

根据前面的理论推导可知，主动轮材料的强度服从参数为 $u=305.406\,6$，$v=8.222\,8$ 伽马分布，则有

$$Ga(\delta \mid v,\ u)=\frac{u^{v}}{\Gamma(v)}\delta^{v-1}e^{-u\delta}=\frac{305.406\,6^{8.222\,8t}}{\Gamma(5.867\,6t)}\delta^{8.222\,8t-1}e^{-305.406\,6\delta}$$

$$(4-80)$$

二、变双曲圆弧齿线圆柱齿轮主动-从动轮材料强度退化曲线

根据前面建立的 17CrNiMo6 的强度退化模型，本章将要讨论考虑强度退化后的变双曲圆弧齿线圆柱齿轮的主动轮和从动轮的强度变化情况。根据相关文献，当可靠度 $R=0.999\,9$ 时，材料 17CrNiMo6 的接触疲劳极限应

力值为 $\sigma_{H\lim}$，安全系数 $s_{H\lim}$，主动轮材料接触寿命系数 $Z_N = 1.03$（渗碳淬火钢），从动轮材料接触寿命系数 $Z_N = 1.15$。那么主动和从动齿轮的许用接触应力为

$$[\sigma_H] = \frac{\sigma_{H\lim}Z_N}{s_{H\lim}} \Rightarrow \begin{cases} [\sigma_H]_{\pm} = \dfrac{\sigma_{H\lim}Z_N}{s_{H\lim}} = \dfrac{1\,210 \times 1.03}{1.5} = 830.87\text{MPA} \\[4mm] [\sigma_H]_{\text{从}} = \dfrac{\sigma_{H\lim}Z_N}{s_{H\lim}} = \dfrac{1\,210 \times 1.15}{1.5} = 927.67\text{MPA} \end{cases}$$

$$(4-81)$$

根据前面的讨论，主动轮和从动轮的强度都随着时间而退化，且退化规律服从伽马分布。设定一对齿轮的工作时间为 10 000 小时，采用 matlab 随机生成伽马函数，主动轮和从动轮的材料强度的退化情况分别如图 4-19 所示。

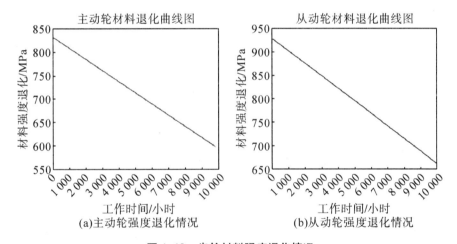

图 4-19　齿轮材料强度退化情况

从上面图中的数据看出，主动轮在工作了 10 000 小时以后，其强度退化为 590MPA 左右，而从动轮的强度则为 670MPA 左右。在齿轮实际的工作中，主动轮与从动轮的接触应力大小理论上为相等。因此，在考虑强度退化的可靠性时，主动轮和从动轮的强度值不一样，同样情况下，主动轮失效的可靠性更大。

三、考虑零件强度退化的齿线圆柱齿轮接触可靠性分析

根据前面改进一次二阶矩的计算可靠度的基础上，考虑极限状态方程

的许用应力值的退化情况，分别对变双曲圆弧齿线圆柱齿轮主动轮和从动轮的可靠度进行研究，得到了考虑材料强度退化下的主动轮、从动轮以及齿轮副的可靠度（齿轮系统为串联系统，其可靠度分别为主动轮和从动轮可靠度的乘积）的变化情况，如图4-20和图4-21所示。

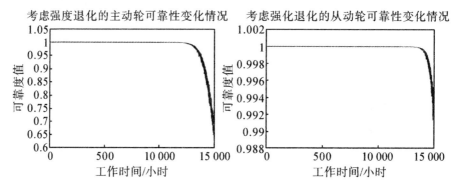

图4-20　主动轮强度退化情况下的可靠性　图4-21　从动轮强度退化情况下的可靠性

从上述两图可以看出，主动轮在工作 10 998 小时后，材料的强度退化到影响其工作的可靠度，其可靠度最低为 0.636 1。从动轮在工作 13 330 小时后可靠度开始降低，其最小可靠度 0.989 7。齿轮副的可靠度为主动轮和从动轮的串联，则可靠度为两者可靠度的积，如图4-22所示。

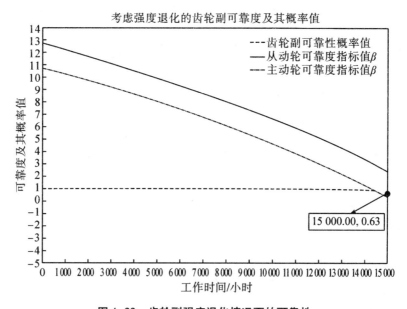

图4-22　齿轮副强度退化情况下的可靠性

从图 4-22 可以看出，主动轮的可靠度的值要低于从动轮的值，说明主动轮失效的概率要大于从动轮，在 15 000 小时其齿轮副的可靠度仅为 0. 631 55。

第五章 基于代理模型的稳健设计优化

本章将代理模型应用于稳健设计优化，提出了基于支持向量回归代理模型的稳健优化方法；研究并改进基于代理模型的稳健设计模型；最后采用实例说明该方法的具体使用并验证所提方法的有效性。

第一节 稳健优化方法

在实际工程问题中存在不少影响产品质量的不确定性因素，如产品的结构参数（如几何尺寸、制造公差）和物理、力学参数（如摩擦系数、阻尼系数、导磁率和弹性模量）等，这些参数的设计值与制造后和使用中的实际值往往是有差异的，存在不确定性。提高产品质量的传统措施是提高原材料的性能、减小零部件的制造公差、提高加工精度、严格控制工艺条件等，花费昂贵，付出代价大。事实上，产品质量的提高也不可能无限制地以提高原材料的性能和提高加工精度等措施来实现。

在现代产品结构设计方法中，稳健设计是一种有效提高产品质量的方法，稳健设计源于日本著名的质量管理专家 G. Taguchi 博士于 20 世纪 70 年代初创立的质量管理新技术，是一种有效的开发和保证高质量产品的工程方法，它是现代质量工程学的核心技术。传统的设计思想认为，产品的零部件或原材料的质量越高，工艺条件控制越严格，那么制造出的产品质量就越好，或者说材料、元器件质量特性越好，可行性就越高。G. Taguchi 博士提出的稳健设计思想用一种新的理念取代了传统思想，提出产品质量不仅是生产出来的，也是设计出来的，并且在产品全生命周期的上游阶段，易于改善稳健性的因素，可充分利用并进行优化，改善功能性应尽可能在上游进行，这样效率更高。

稳健设计是对产品性能、质量、成本作综合考虑而获得高质低价的现代设计方法，它是使所设计的产品在制造和使用中，当参数发生变差或者在规定寿命内发生老化和变质都能保持产品性能稳定的一种工程设计方法。通过对产品的稳健设计，可使产品对原材料机械性能的变异以及制造尺寸的变差不敏感，提高产品的可制造性，降低开发成本；可提高产品对使用环境变化的不敏感度，能保证产品使用的可靠性同时降低操作费用。通过稳健设计，可以采用较宽松的工艺条件加工出质量好、成本低和收益高的产品，采用低廉的元部件组装成质量好、可靠性高的复杂产品。

一、稳健设计基本原理

实际工程中，产品的质量会受到设计、制造和使用等多方面因素的影响，使得产品的质量不稳定。引起产品质量波动的因素很多，一类是设计变量（又称可控变量），即那些在设计中可以通过调整它的均值与控制其偏差来达到产品质量要求的因素，如结构尺寸、间隙、材料性能、加工精度等。另一类是不可控变量，即对产品质量特性有影响，而在设计中难以控制或者控制成本会显著增加的因素，这类因素又称为噪音因素，如制造参数、加工方法，以及使用中温度、湿度、电压等的波动等。

如图 5-1 所示，x 为可控变量，z 为不可控变量，产品质量 y 受可控变量和不可控变量的综合影响。

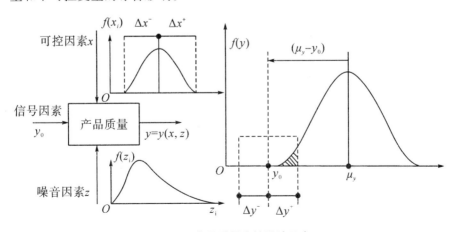

图 5-1　产品质量稳健设计示意

　　要实现稳健设计，有两个目标，一是要求质量特性的均值尽可能达到目标值，二是要求各种不可控因素引起的质量特性波动的方差尽可能小。要实现第一个目标，可以调整设计变量的值，使输出均值达到目标值；要实现第二个目标，可以减少参数名义值的偏差，这就导致产品的成本提高且可能很难实现，或者利用非线性效应，通过合理选择参数在非线性曲线上的工作点或中心值，可以使质量特性值的波动缩小。稳健优化设计采用非确定性设计方法，克服了传统确定性优化方法中不考虑不可控因素的波动带来的质量影响，设计不仅要减小目标函数值，还要降低目标函数对设计变量的敏感性，即减小响应偏差，平衡"均值达到目标"和"最小化偏差"以得到目标函数的优化解。

　　实际上，可控变量和不可控变量的设计值与制造后或使用中的实际值会有差异，这种差异称为变差。变量的变差会传递给目标函数和约束条件，引起质量指标和约束的变差，同时变差的统计分布规律也将影响设计函数的概率统计特性。

　　如图 5-2 展示了一个设计变量变化对目标函数的影响。A 点和 B 点分别为确定性最优点和稳健最优点。当设计变量 x_1 变化 $\pm \Delta x_1/2$ 时，目标函数随之也发生变化。A 点引起的变化为 $\Delta f(x_A)$，B 点引起的变化为 $\Delta f(x_B)$，从图中可看出，$\Delta f(x_A) > \Delta f(x_B)$。所以目标函数对稳健最优点 B 的灵敏度低。因此稳健优化的目的是当可控变量和不可控变量发生变差时，要使其设计解是稳健的，即一方面使质量特性对这些变差的灵敏度低，另一方面要求设计结果是最优可行解。

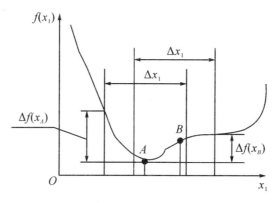

图 5-2　稳健最优

二、多目标稳健优化数学模型

确定性优化通常采用的数学模型如下：

$$\min f(x, q)$$

$$\text{s. t} \begin{cases} g_i(x, q) \leqslant 0 & i = 1, 2, \cdots, I \\ h_j(x, q) = 0 & j = 1, 2, \cdots, J \\ x^L \leqslant x \leqslant x^U \end{cases} \tag{5-1}$$

其中，设计变量矢量 $x = [x_1, \cdots, x_n]^T$ 由 n 个变量组成，是设计中可以控制的因素；设计参数矢量 $q = [q_1, \cdots, q_m]^T$ 由 m 个变量组成，是设计中不可控因素；x^L，x^U 分别是设计变量的上、下限；g_i 是第 i 个不等式约束；h_i 是第 j 个等式约束。

当设计变量与设计参数存在不确定性时，稳健优化的数学模型如下：

$$\min E\{L(f(x, q))\}$$

$$\text{s. t} \begin{cases} P_r[g_i(x, q) \leqslant 0] \geqslant P_{oi} & i = 1, 2, \cdots, I \\ h_j(x, q) = 0 & j = 1, 2, \cdots, J \\ x^L \leqslant x \leqslant x^U \end{cases} \tag{5-2}$$

其中，P_{oi} 是满足第 i 个约束的概率；$L(f(x, q))$ 是质量损失函数，对望目特性来说，质量损失函数可定义为

$$L(y) = K(y - y_0)^2 \tag{5-3}$$

对望小特性来说，质量损失函数可定义为

$$L(y) = K y^2 \tag{5-4}$$

对望大特性来说，质量损失函数可定义为

$$L(y) = \frac{K}{y^2} \tag{5-5}$$

式中，K 为质量损失系数；y_0 为质量特性目标值。

对于式（5-2），若不等式约束概率满足正态分布，可表示成如下形式：

$$\mu_{gi} - k_i \sigma_{gi} \geqslant 0 \tag{5-6}$$

其中，μ_{gi} 和 σ_{gi} 分别为第 i 个不等式约束函数的均值和标准差；$k_i = \Phi^{-1}(P_{oi})$，$\Phi(\cdot)$ 是标准正态分布的累计分布函数，例如当 $k_i = 2$ 时，$P_{oi} =$

0.977 2，当 $k_i = 3$ 时，$P_{oi} = 0.998\ 7$。

从工程应用的观点出发，把多目标优化转化为单目标优化问题，采用望目特性质量损失函数，式（5-2）可表示为如下稳健优化数学模型：

$$\min \lambda \cdot \frac{\mu_f}{\mu_f^*} + (1 - \lambda) \cdot \frac{\sigma_f}{\sigma_f^*} \quad 0 \leq \lambda \leq 1 \tag{5-7}$$

$$\text{s.t } P_r\left[g_i(x, q) \leq 0\right] \geq P_{oi}$$

其中，μ_f 和 σ_f 分别为目标函数 $f(x, q)$ 的均值和标准差；μ_f^* 和 σ_f^* 分别为仅采用均值和标准差为目标函数时的理想优化值；λ 为权重系数。

若设计变量和设计参数线性独立，式（5-7）的均值和标准差可表示成如下形式：

$$\mu_f = E\left[f(x, q)\right]$$

$$= \iint \cdots \int f(x, q)\, p_1(x_1) \cdots p_i(x_i) \cdots p_n(x_n)\, p_1(q_1) \cdots p_j(q_j) \cdots$$

$$p_m(q_m)\, dx dq \tag{5-8}$$

$$\sigma_f = E\left[f(x, q) - \mu_f\right]^2$$

$$= \iint \cdots \int \left[f(x, q) - \mu_f\right]^2 p_1(x_1) \cdots p_i(x_i) \cdots p_n(x_n)\, p_1(q_1) \cdots p_j(q_j) \cdots$$

$$p_m(q_m)\, dx dq \tag{5-9}$$

其中，$p_i(x_i)$ 和 $p_j(q_j)$ 分别为第 i 个设计变量与第 j 个设计参数的概率密度函数，大多数实际应用中可能是未知的。假设它们均服从正态分布，则可表示如下形式：

$$p_i(x_i) = \frac{1}{\sqrt{2\pi}\, \sigma_{xi}} \exp\left[\frac{-(x_i - \mu_{xi})^2}{2\sigma_{xi}^2}\right] \tag{5-10}$$

当设计变量维数大时，式（5-8）、式（5-9）的计算是非常耗时的，因此，可采用泰勒级数展开或代理模型逼近。本书介绍采用支持向量回归机代理模型来逼近质量特性的稳健优化方法。

第二节　代理模型在稳健设计优化中的应用

稳健性设计优化（Robust Design Optimization，RDO）在优化产品性能的同时，应尽可能地降低不确定性的影响。相比于确定性设计，RDO 明显提高了产品质量，所以在工程设计问题中得到广泛应用。然而在大多数实际工程优化问题中，由于工程问题的复杂性，不确定性因素与产品质量特性之间的关系在某些情况下是未知的或比较复杂的，极难得到它们之间的显式函数关系，而使用工程试验或仿真分析来计算，无论是试验还是仿真都非常费时。传统的稳健设计优化一般不直接使用仿真，所以无法解决这类问题。目前有效的途径通常采用基于代理模型的稳健设计方法，即通过少量的试验或仿真来建立近似代理模型，再利用代理模型进行不确定性分析或设计优化。许多学者已提出多种代理模型方法来处理稳健设计中的这类问题，诸如采用响应面、径向基函数、神经网络和 Kriging 模型等方法建立不确定性因素与目标性能的均值或标准差之间的关系。稳健性设计优化中代理模型应用非常广泛，并在各工程领域取得了显著成效。

在结构设计优化领域，W. CHEN 等学者提出了基于代理模型的稳健优化框架，实现了基于响应面法解决了实际工程问题，减少了计算量；张为华等运用 Kriging 代理模型对固体火箭发动机装药结构建模，进行了可靠性分析，其计算结果与使用 Monte Carlo 方法十分接近。K. H. LEE 等人采用 Kriging 建立目标性能的均值和标准差模型，实现了微陀螺仪的稳健优化；孙光永等将基于近似模型的变复杂度方法应用到板料成形优化中，显著地提高了板料的成形性，表明该方法具有较高的精度和较强的工程实用性。

在汽车设计领域，Koch 等针对汽车侧碰稳健性优化设计问题，将 Sigma 质量方法与近似模型相结合进行优化，结果表明稳健性得到了提高。Zhang 等基于响应面方法研究汽车前纵梁结构轻量化设计，前侧导轨的重量减少 26.95%。

在飞行器领域，Martinelli 等构建了飞行器气动 CFD 分析参数的代理模型，结果气动参数的均值和方差比使用泰勒近似更精确。Sobieski 等应用代理模型解决飞机机翼的设计优化问题，采用响应面模型达到了优化目的。Keane 等在飞行器机翼的气动优化设计中应用近似模型技术，取得了较好的结果。Qazi 等将代理模型应用于运载火箭的设计优化，提出了一种新的采样方法，快速高效地求得设计优化解。

在船舶领域，谷海涛等基于代理模型方法对水下滑翔机机翼进行了设计优化，有效地化解精度与效率之间的矛盾。Peri 等研究了变精度的代理模型在船型设计优化过程中应用情况，有效提高了船型设计优化的计算效率。

确定性的设计优化由于没有考虑各种来源不确定性对结果的影响，产品对不确定性因素太过敏感而使得性能不稳定，或者采取太过保守的方法而不经济。针对确定性设计优化的缺点，以降低不确定性影响，提高产品质量为目的的稳健性设计优化已成为工程产品设计优化领域的前沿研究和热点。稳健性设计优化的核心内容是不确定性分析。不确定性分析是研究设计变量和噪声变量影响产品性能的规律。在给定设计变量和噪声变量的分布情况下，分析计算性能的分布。设计误差来源于参数不确定性和代理模型不确定性两个方面，而其中代理模型产生的误差较大。R. JIN 等人比较了常用代理模型在不确定条件下的逼近精度问题，指出各模型的优点与不足，给出了一些有用的结论；文献详细总结了稳健优化存在的问题，指出代理模型的稳健优化是一个较有潜力的研究方向，而常用代理模型的精度不足更是突出问题，需要进一步提高代理模型性能。

第三节 基于支持向量回归机代理模型的稳健优化

在研究基于代理模型的稳健设计优化时，大多数学者采用了多项式响应面的方法。多项式响应面易于构造、计算效率高、对样本数目需求较少等优点而得到了广泛的研究和应用，然而在逼近高度非线性的场合，拟合效果很差。已有研究表明以有限阶多项式函数在理论上任意点以任意精度不能逼近非线性函数。近年来随着神经网络的发展，人们开始考虑利用神经网络非线性映射功能拟合函数。神经网络自适应性强，理论上能够拟合任意设计变量与输出变量之间复杂的函数关系。尤其是在非线性程度高的场合往往有着很好的拟合效果。但神经网络也有其自身的缺陷，为获得较高精度的代理模型，往往需要多次迭代，对样本数目需求较大，计算开销大，存在"过学习"情况。因此，本书采用支持向量回归机代理模型来逼近设计变量与输出变量之间复杂的函数关系的稳健优化方法。

一、基于代理模型的稳健优化数学模型

当式（5-8）、式（5-9）采用代理模型逼近时，稳健优化的数学模型（5-7）表示为

$$\min \lambda \cdot \frac{\hat{\mu}_f}{\mu_f^*} + (1 - \lambda) \cdot \frac{\hat{\sigma}_f}{\sigma_f^*} \quad 0 \leqslant \lambda \leqslant 1 \qquad (5\text{-}11)$$

$$\text{s. t. } P_r\big[\hat{g}_i(x,\ q) \leqslant 0\big] \geqslant P_{oi} \text{ or } \hat{\mu}_{gj} - k_j\hat{\sigma}_{gj} \leqslant 0$$

其中，$\hat{\mu}_f$ 和 $\hat{\sigma}_f$ 分别为目标函数 $f(x,q)$ 的均值和标准差的代理模型，$\hat{g}_i(x,q)$、$\hat{\mu}_{gj}$ 和 $\hat{\sigma}_{gj}$ 分别为第 i 个约束函数、约束函数的均值和标准差的代理模型。

二、基于支持向量回归机代理模型的稳健优化流程

图 5-3 给出了基于支持向量回归机代理模型的稳健优化流程，包括试验设计，支持向量回归机代理模型的建立，优化问题求解以及优化结果验证。

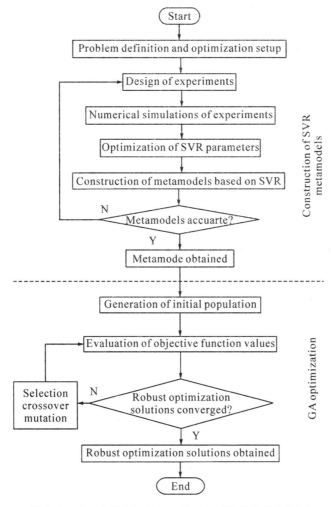

图 5-3　基于支持向量回归机代理模型的稳健优化流程

（1）试验设计：首先筛选出显著影响因子，包括设计变量和噪声因素，进行试验安排，即进行代理模型的试验设计。对支持向量回归机代理模型，有拉丁超立方设计、均匀设计、全因子设计等，相关理论见第二章。

（2）支持向量回归机模型的构建：利用支持向量回归机模型的理论，以及安排好的试验设计及其相应的响应值，建立相应问题的支持向量回归机模型，并采用不同准则检验模型的准确性。为提高精度，采用每一次迭代后将优化结果作为新增的训练样本，重新构建支持向量回归机代理模型。

（3）优化问题求解：需要确定优化的目标函数，约束条件等，采用遗传算法进行求解。首先确定适应度函数，见式（5-12）；然后初始化种群，运用选择、交叉和变异算子获得下一代种群，逐步迭代直至收敛到最优解。

$$\text{Fitness}\ (\text{x}) = C^* - \left[\lambda \cdot \frac{\hat{\mu_f}}{\mu_f^*} + (1-\lambda) \cdot \frac{\hat{\sigma_f}}{\sigma_f^*}\right] - P(x) \quad (5-12)$$

$$P(x) = \sum_{i=i}^{k} \max\{0,\ r_i\hat{g_i}(x,\ q)\}$$

（4）优化结果验证：由于采用的方法使用了数值模拟和代理模型等，存在一定的误差，因此需要对稳健优化结果进行数值模拟验证或者实验验证。

三、应用实例：两杆结构稳健优化

1. 问题描述

如图5-4所示，受到集中载荷的两杆结构，杆的横截面公称直径 x_1、结构的高度 x_2 作为设计变量，已知：集中载荷 F 为 150KN，壁厚 T 为 2.5mm，弹性模 E 为 210KN/mm^2，20mm $\leq x_1 \leq$ 80mm，200mm $\leq x_2 \leq$ 1 000mm，结构的宽带或跨度 B 为 750mm，跨度 B 中存在不确定性因素且服从正态分布，μ_B =750mm，σ_B =50mm。杆的极限正应力 σ_{max} =400 N/mm^2。

该结构满足的设计要求：①结构的体积 V 最小。②结构满足强度要求。③结构满足稳定性要求。

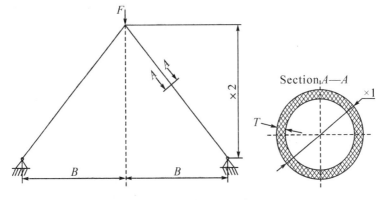

图 5-4　两杆结构示意

分析该结构可知，杆承受的正应力为

$$\sigma = Z_2 = \frac{F}{2\pi T x_1 x_2}\sqrt{B^2 + x_2^2} \tag{5-13}$$

承受的屈曲应力为

$$\sigma_{\mathrm{crit}} = Z_3 = \frac{\pi^2 E}{8} \cdot \frac{T^2 + x_1^2}{B^2 + x_2^2} \tag{5-14}$$

该结构的体积为

$$Z_1 = 2\pi T x_1 \sqrt{B^2 + x_2^2} \tag{5-15}$$

因此，该结构确定性优化模型表示如下：

$$\begin{cases} \min \quad Z_1 \\ \mathrm{s.\,t.} \quad Z_2 \leqslant 400, \ Z_2 - Z_3 \leqslant 0 \end{cases} \tag{5-16}$$

考虑不确定因素，该结构稳健优化模型表示如下：

$$\begin{cases} \min \quad \lambda \dfrac{\mu_{Z1}}{\mu^*_{Z1}} + (1 - \lambda)\dfrac{\sigma_{Z1}}{\sigma^*_{Z1}}, \ \lambda = 0.5 \\ \mathrm{s.\,t.} \begin{cases} \mu_{Z2} + 3\sigma_{Z2} \leqslant 400, \\ P_r(Z_2 - Z_3 \leqslant 0) \geqslant 0.99, \\ \mu_{Z2-Z3} + 2.326\,4\sigma_{Z2-Z3} \leqslant 0 \end{cases} \end{cases} \tag{5-17}$$

其中，μ_{Z1} 和 σ_{Z1} 分别为结构体积 Z_1 的均值和标准差；μ^*_{Z1} 和 σ^*_{Z1} 分别为仅采用均值和标准差为目标函数时的理想优化值。

从上面的公式可知，该实例是一个典型的设计优化问题，表现在目标函数 Z_1 与约束函数 Z_2、Z_3 相互冲突，且非线性程度不同，能代表大多数实际工程优化问题。图 5-5 是 Z_1、Z_2 和 Z_3 的均值和标准差的真实模型。可看出 Z_1 近似线性；Z_2 的非线性程度最强；Z_3 也具有一定程度的非线性。

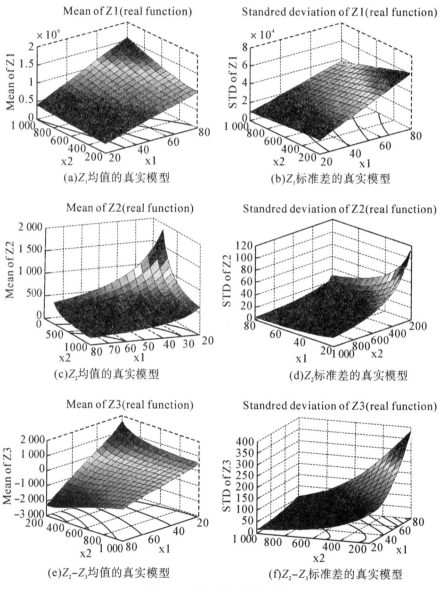

(a)Z_1均值的真实模型 (b)Z_1标准差的真实模型

(c)Z_2均值的真实模型 (d)Z_2标准差的真实模型

(e)Z_2-Z_3均值的真实模型 (f)Z_2-Z_3标准差的真实模型

图 5-5   均值和标准差理论值

2. SVR 代理模型构建

设计变量径 x_1、x_2 以及随机变量 B 是对质量特性有影响的 3 个因素，作为输入，构建 Z_1、Z_2 和 Z_3 3 个支持向量回归机代理模型。采用拉丁超立方试验设计，产生 64 个拉丁超立方设计点，再加上 8 个角点，1 个中心点共 73 个训练样本数据。另外，随机产生 10 000 个测试样本点来验证支持向量回归机代理模型的准确度。

在不确定性因素 B 的波动范围内随机产生了 20 000 组数据，采用蒙特卡罗（Monte Carlo）法计算，通过 SVR 代理模型计算出 Z_1、Z_2 和 Z_3 的均值和标准差，它们的等高线如图 5-6 所示。

图 5-6 是通过 SVR 代理模型计算出的 Z_1 均值和标准差等高线图，可看出，Z_1 的非线性程度低，无论是 Z_1 均值还是标准差，SVR 代理模型的计算结果都非常接近真实结果。

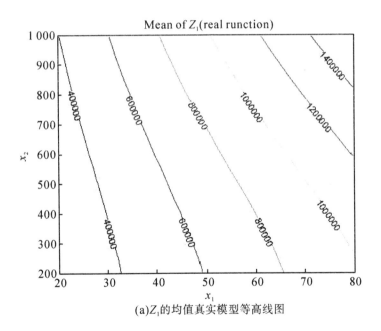

(a)Z_1的均值真实模型等高线图

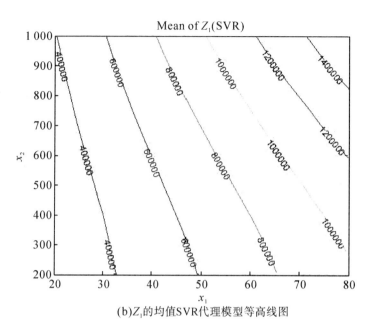

(b)Z_1的均值SVR代理模型等高线图

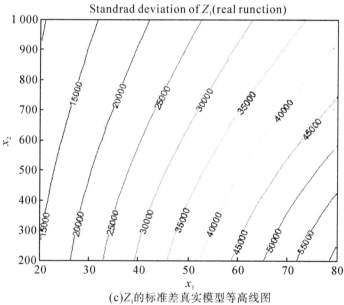

(c)Z_1的标准差真实模型等高线图

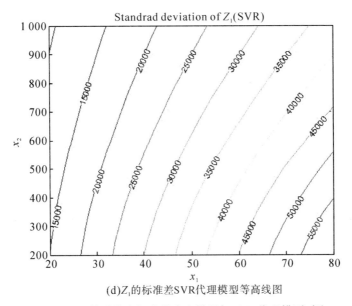

(d)Z_1的标准差SVR代理模型等高线图

图 5-6　Z_1 的均值和标准差真实模型与 SVR 代理模型对比

　　图 5-7 是通过 SVR 代理模型、BP 神经网络计算出的 Z_2 均值和标准差等高线图，可看出，由于 Z_2 是强非线性，SVR 代理模型的计算结果基本接近真实结果，但有少许差异，特别是逼近 Z_2 的标准差时，差异稍大一些。但基于 BP 神经网络计算出的 Z_2 均值和标准差与真实结果差异较大，特别是在逼近 Z_2 的标准差时，等高线图完全变形。

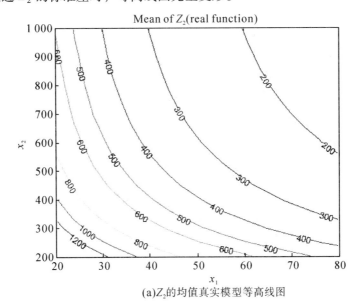

(a)Z_2的均值真实模型等高线图

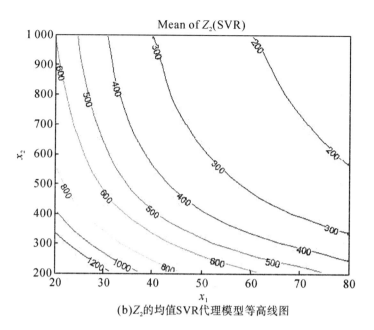

(b)Z_2的均值SVR代理模型等高线图

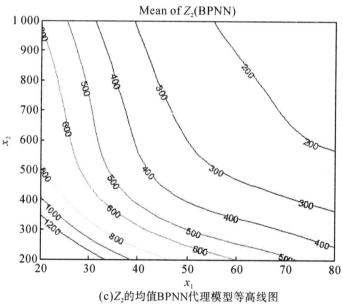

(c)Z_2的均值BPNN代理模型等高线图

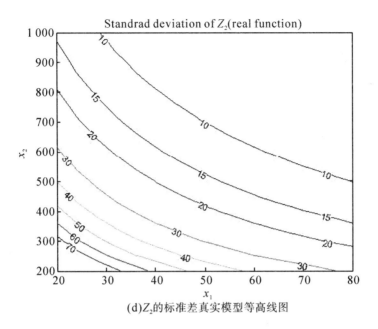

(d)Z_2的标准差真实模型等高线图

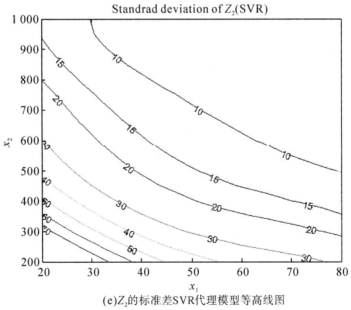

(e)Z_2的标准差SVR代理模型等高线图

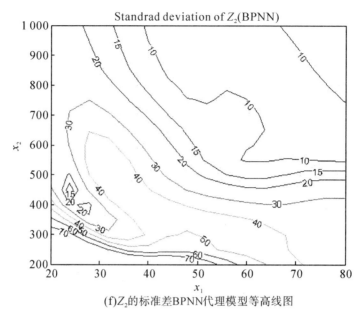

(f)Z_2的标准差BPNN代理模型等高线图

图5-7 Z_2 的均值和标准差真实模型、SVR 代理模型与 BPNN 代理模型对比

图 5-8 是通过 SVR 代理模型计算出的 Z_2-Z_3 均值和标准差等高线图，可以看出，Z_2-Z_3 的非线性程度无论是均值还是标准差都不高，SVR 代理模型的计算结果非常接近真实结果。

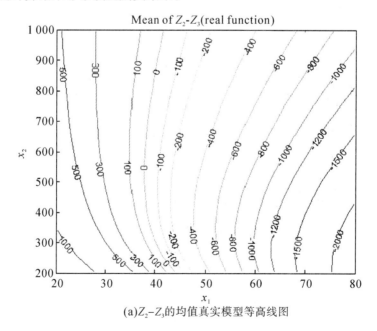

(a)Z_2-Z_3的均值真实模型等高线图

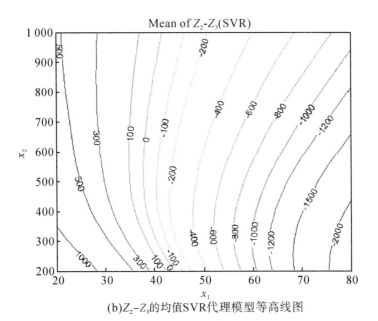

(b)Z_2-Z_3的均值SVR代理模型等高线图

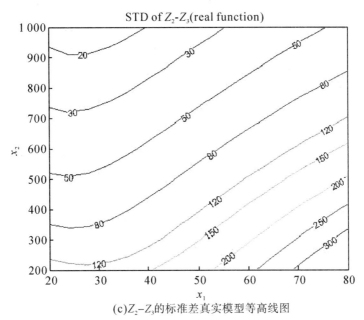

(c)Z_2-Z_3的标准差真实模型等高线图

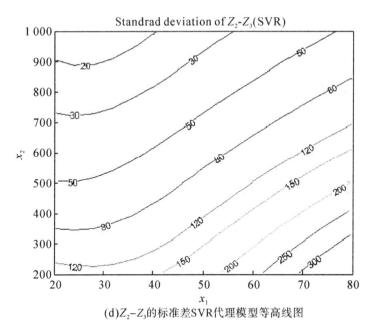

(d)Z_2-Z_3的标准差SVR代理模型等高线图

图 5-8　$Z_2 - Z_3$ 的均值和标准差真实模型与 SVR 代理模型对比

总的说来，SVR 代理模型在逼近均值时的精度比逼近标准差要高。

为了说明 SVR 代理模型在逼近均值和标准差的精度，其他代理模型包括响应面、Kriging 和 BP 神经网络也被构建，采用同样的样本训练数据。表 5-1 表明了各种代理模型的准确度。

表 5-1　代理模型的 RMSE 准确度比较

分类	SVR	BP 神经网络	Kriging	响应面
Z_1	6.85e-5	0.009 3	8.26e-5	0.000 1
Z_2	0.006 3	0.022 9	0.009 3	0.142
Z_2-Z_3	0.002 5	0.007 5	0.003 1	0.075

表 5-2　代理模型的 R^2 准确度比较

分类	SVR	BP 神经网络	Kriging	响应面
Z_1	0.999 9	0.998 1	0.999 9	0.999 6
Z_2	0.997 3	0.964 1	0.998 5	0.903 6
Z_2-Z_3	0.999 7	0.997 7	0.999 8	0.983 2

表 5-3 代理模型的 RMAE 准确度比较

分类	SVR	BP 神经网络	Kriging	响应面
Z_1	0.008 9	0.266 8	0.004 1	0.090 3
Z_2	0.584 3	2.707 3	0.448 8	1.502 7
Z_2-Z_3	0.184 0	0.353 0	0.119 0	0.606 5

从表 5-1~表 5-3 可看出，对接近线性的 Z_1 来说，所有的代理模型均获得了较好的逼近精度。其中，精度最高的是支持向量回归机，其次是 Kriging。对强非线性的 Z_2 来说，所有的代理模型精度都稍差些，但支持向量回归机和 Kriging 仍获得了较好的精度。对于 Z_2-Z_3，支持向量回归机和 Kriging 模型也获得了较好的精度。

就代理模型误差 RAME 而言，在大多数情况，支持向量回归机和 Kriging 模型接近一致，远比 BP 神经网络和响应面拟合效果好。对误差 RSME 而言，支持向量回归机模型精度比其他代理模型都高。

总的来说，在逼近具有不确定因素的代理模型时，支持向量回归机效果最好，其次是 Kriging，BP 神经网络和响应面较差。

3. 优化求解

本实例的优化求解采用序列二次规划（SQP）和遗传算法（GA）。遗传算法的各参数设置是根据大量的计算获得的，见表 5-4。

表 5-4 遗传算法参数设置

参数	值
代数	20
种群大小	100
选择算子	Standard roulette wheel
交叉算子	Simulated binary
变异算子	Polynomial methods
交叉率	0.4
变异率	0.1

通过 MATLAB 编程实现，获得优化模型式（5-17）的结果，如表 5-5 所示。

表 5-5 优化结果

参数	原函数确定性优化		原函数稳健优化		SVR 模型稳健优化	BPNN 模型稳健优化
	SQP	GA	SQP	GA	GA	GA
x_1^* /mm	37. 877	37. 903	41. 813	41. 459	41. 48	53. 251
x_2^* /mm	608.89	608.58	641.10	623.38	626.84	782.63
μ_{z1}^* / mm^3	—	—	64 804	63 512	63 688	88 968
σ_{z1}^* / mm^3	—	—	25 437	25 216	25 277	30 749
$f*$ /mm^3	574 763	575 050	2. 213 9	2. 189 2	2. 190 2	3. 178 3

其中，x_1^* 和 x_2^* 分别表示两个设计变量 x_1 与 x_2 的优化结果，而 μ_{Z1}^*、σ_{Z1}^* 和 f^* 的值均可根据 x_1^* 和 x_2^* 的值计算得到。

从表 5-5 可看出，稳健优化的结果与确定性优化结果有明显差别。对优化算法而言，采用序列二次规划和遗传算法获得的结果比较接近，说明采用遗传算法有效、可行。我们也可看出基于支持向量回归机代理模型的稳健优化结果与真值非常接近，而基于 BP 神经网络代理模型的稳健优化结果则有较大的区别，这主要是由于 BP 神经网络代理模型的精度较低引起的。这充分说明了基于支持向量回归机代理模型的稳健优化方法的有效性。

第四节　基于 Kriging 代理模型的弧齿线圆柱齿轮可靠性稳健优化设计

一、基于灵敏度的可靠性稳健优化设计模型

为了使得式（3-1）中的目标函数或者是约束条件对设计变量 $X = [x_1, x_2, \cdots, x_k]^T$ 的灵敏度最小，既目标函数或者是约束条件对设计变量不敏感，从而实现稳健设计优化，在此采用智能优化算法对本书中变双曲圆弧齿线圆柱齿轮在满足一定可靠度的前提条件下，尽可能减少接触应力对设计参数的敏感度，提高其稳健性。目前实现目标函数或者是约束条件的稳健优化主要考虑两种情况：一种是在目标函数中引入敏感度函数，另

一种就是在约束条件中引入敏感度函数。本书采用前者来实现其可靠性稳健优化设计。建立考虑目标函数或者是约束条件对设计变量不敏感，从而实现稳健设计，基于代理模型的变双曲圆弧齿线圆柱齿轮的稳健优化数学模型可以表达为

$$
\begin{cases}
\min \quad F(X) = \sum_{i=1}^{n} \omega_i f_i(X), \ i = 1, 2, \cdots, n \\
\quad\quad R \geqslant R_0(P[g(X) < 0] \geqslant \Phi(\beta_0)) \\
s.t. \\
\quad\quad\quad g_j(X) \leqslant 0, \ j = 1, 2, \cdots, k \\
h_j(X) = 0, \ j = 1, 2, \cdots, m \\
xj_{\max}j_{\min}
\end{cases}
\tag{5-18}
$$

式中，$f_i(X)$ 为优化目标函数；n 为目标函数的数量；ω_i 为对应优化目标 $f_i(X)$ 的权重，$0 < \omega_i < 1$，值越大说明其越重要；$g(X)$ 为结构的极限状态函数；k 为不等式的约束条件个数；m 为等式的约束条件个数；n 为设计变量个数；R 为结构可靠性指标；R_0 为结构系统可靠度指标为 β_0 的正态分布值。

对于上式中的 ω_i 值，工程中通常采用人为的经验值进行确定。但其缺乏科学性，本书采用像集法来实现应优化目标 $f_i(X)$ 的权重 ω_i。

$$
\begin{cases}
\omega_1 = \dfrac{f_k(X^{*1}) - f_k(X^{*k})}{[f_1(X^{*k}) - f_1(X^{*1})] + [f_2(X^{*k-1}) - f_2(X^{*2})] + \cdots + [f_k(X^{*1}) - f_2(X^{*k})]} \\
\omega_2 = \dfrac{f_k(X^{*2}) - f_k(X^{*k-1})}{[f_1(X^{*k}) - f_1(X^{*1})] + [f_2(X^{*k-1}) - f_2(X^{*2})] + \cdots + [f_k(X^{*1}) - f_2(X^{*k})]} \\
\quad\quad\quad\quad\quad \vdots \\
\omega_k = \dfrac{f_k(X^{*k}) - f_k(X^{*1})}{[f_1(X^{*k}) - f_1(X^{*1})] + [f_2(X^{*k-1}) - f_2(X^{*2})] + \cdots + [f_k(X^{*1}) - f_2(X^{*k})]}
\end{cases}
\tag{5-19}
$$

通过上式，可以求解出各目标函数的权重值，从而将多目标函数转换为单目标函数的优化问题。上式中 X^{*i} 表示采用上述单目标函数进行优化时，各目标函数在约束条件所取得的最佳解。即满足下式的最优解。

$$
\begin{cases}
\min & F(X) = f_i(X), \ i = 1, \ 2, \ \cdots, \ n \\
& R \geqslant R_0(P[\,g(X) < 0\,] \geqslant \Phi(\beta_0)) \\
s.\,t. & g_j(X) \leqslant 0, \ j = 1, \ 2, \ \cdots, \ k \\
& h_j(X) = 0, \ j = 1, \ 2, \ \cdots, \ m \\
& xj_{\max}j_{\min}
\end{cases}
\tag{5-20}
$$

二、基于 Lévy 飞行策略的量子粒子群算法

由于 QPSO 算法中存在着粒子等待效应的情况，容易导致 QPSO 算法陷入局部最优或者是早熟收敛，从而影响到 QPSO 算法的优化性能，且在自然寻食过程中，寻食过程的运动并不是完全随机的。Lévy 飞行策略是一种具有特殊的随机游走策略，它的随机步长服从于 Lévy 概率分布。Lévy 飞行策略随机产生较短和较长步长，同时还可以增加搜索范围。很多学者采用 Lévy 飞行策略对布谷鸟算法、粒子群算法、鸟群算法、菌群、果蝇算法等智能优化算法进行了改进，并取得了良好的效果。为了克服 QPSO 算法的不足，本书介绍一种新的 QPSO 算法，该算法基于 Lévy 飞行策略来更新粒子的运动。

（1）Lévy 分布与 Lévy 飞行策略

Lévy 飞行是一种步长服从 Lévy 分布的随机游走策略，则表达式通常可以表达为

$$
L(s) = |s|^{-1-\beta}, \ 0 < \beta \leqslant 2
\tag{5-21}
$$

Lévy 分布数学表达式为

$$
L(s, \ \gamma, \ \mu) =
\begin{cases}
\sqrt{\dfrac{\gamma}{2\pi}} \exp\left[-\dfrac{\gamma}{2(s-\mu)}\right] \dfrac{\gamma}{(s-\mu)^{\frac{3}{2}}}, & 0 < \mu < s < \infty \\
0, & \text{other wise}
\end{cases}
\tag{5-22}
$$

上式中，μ 为最小步长，γ 为规模系数，当 $s \to \infty$ 时，则有

$$
L(s, \ \gamma, \ \mu) =
\begin{cases}
\sqrt{\dfrac{\gamma}{2\pi}} \dfrac{1}{(s)^{\frac{3}{2}}} & 0 < \mu < s < \infty \\
0, & \text{other wise}
\end{cases},
\tag{5-23}
$$

将 Lévy 分布函数进行 Fourier 变换，则有

$$
F(k) = \exp[-\alpha |k|^{\beta}], \ 0 < \beta \leqslant 2
\tag{5-24}
$$

进而

$$L(s) = \frac{1}{\pi} \int_0^\infty \cos(ks) \exp[-\alpha \, |k|^\beta] \, dk \qquad (5-25)$$

当 $s \to \infty$ 则有

$$L(s) \to \frac{\alpha\beta\Gamma(\beta)\sin(\pi\beta/2)}{\pi \, |s|^{1+\beta}} \qquad (5-26)$$

上式中, $\Gamma(\beta)$ 为 Gamma 函数。

根据 Mantegna's 算法 Lévy 飞行策略的步长长度为

$$s = \frac{u}{|v|^{1/\beta}}, \; u \sim N(0, \sigma_u^2), \; v \sim N(0, \sigma_v^2),$$

$$\sigma_u = \left\{ \frac{\Gamma(1+\beta)\sin(\pi\beta/2)}{\Gamma[(1+\beta)/2] \, \beta \, 2^{(\beta-1)/2}} \right\}^{1/\beta} \qquad (5-27)$$

（2）基于 Lévy 飞行策略的量子粒子群算法改进

根据第四章中的推导, QPSO 信息更新公式如下:

$$p_{i,j}(t) = P_{g,j}(t) + \varphi_{i,j}(t) i p_i(t) [P_{i,j}(t) - P_{g,j}(t)] \qquad (5-28)$$

$$C_j(t) = \left(\frac{1}{M} \sum_{i=1}^M P_{i,1}(t), \; \frac{1}{M} \sum_{i=1}^M P_{i,2}(t), \; \cdots, \; \frac{1}{M} \sum_{i=1}^M P_{i,N}(t) \right)$$

$$(5-29)$$

$$X_{i,j}(t+1) = p_{i,j}(t) \pm \alpha |C_j(t) - g s_{i,j}(t) X_{i,j}(t)| \ln(1/\, u_{i,j}(t)),$$

$$u_{i,j}(t) \sim U(0, 1) \qquad (5-30)$$

则基于 Lévy 飞行策略的量子粒子群算法改进后的信息更新表达式如下:

$$p_{i,j}(t) = P_{g,j}(t) + \varphi_{i,j}(t) i p_i(t) [P_{i,j}(t) - P_{g,j}(t)] \qquad (5-31)$$

$$X_{i,j}(t+1) = \text{levy}(\beta)(x_i - p_{i,j}(t)) \pm \alpha |C_j(t) - g s_{i,j}(t) X_{i,j}(t)|$$

$$\ln(1/\, u_{i,j}(t)), \; u_{i,j}(t) \sim U(0, 1) \qquad (5-32)$$

三、基于智能算法-代理模型的齿轮可靠性稳健优化

1. 基于智能优化算法-代理模型的齿轮可靠性稳健优化流程

本书采用基于代理模型智能优化算法的齿轮可靠性稳健优化的策略, 代理模型和智能优化算法, 可以根据不同的对象、抽样方法、要求等进行选择, 其优化流程如图 5-9 所示。

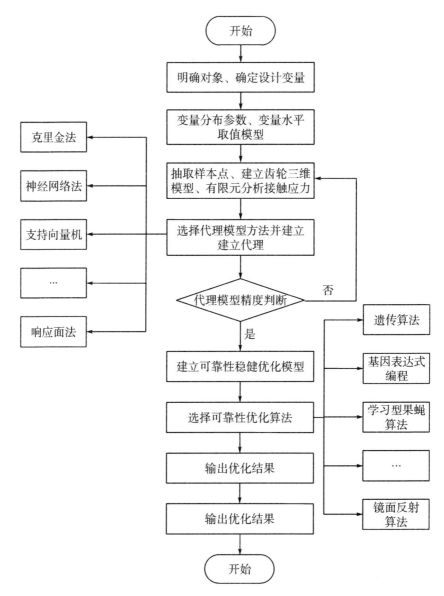

图5-9 基于智能算法-代理模型的齿轮可靠性稳健优化设计流程

2. 齿轮可靠性稳健优化模型

根据于 Lévy 飞行策略的量子粒子群算法改进的分析，针对实际问题，建立以接触应力最小和灵敏度最小的曲线圆柱齿轮接触应力可靠性稳健优化数学模型，即：

$$\begin{cases} \min F(X) = \omega_1 f_1(X) + \omega_2 f_2(X) + \omega_3 f_3(X) \\ \qquad = \omega_1 f_1(X) + \omega_2 \sqrt{\sum_{i=1}^{4} (\frac{\partial P_f}{\partial \mu_i})^2} + \omega_3 \sqrt{\sum_{i=1}^{4} (\frac{\partial P_f}{\partial \sigma_i})^2} \\ s.t. \quad R \geqslant R_0 \\ \qquad f_1(X) - \sigma \leqslant 0 \\ \qquad x_{j\min} \leqslant x_j \leqslant x_{j\max}, \ j = 1, 2, 3, 4 \\ \qquad \frac{\partial P_f}{\partial \mu_i} - c_i < 0, \ i = 1, 2, 3, 4 \\ \qquad \frac{\partial P_f}{\partial \sigma_i} - d_i < 0, \ i = 1, 2, 3, 4 \end{cases} \tag{5-33}$$

针对上式中，结合实际我们将讨论其设计变量、目标函数、约束条件等。

（1）设计变量

$$X = [\alpha, m, B, R_T, T]^T = [x_1, x_2, x_3, x_4, x_5]^T \tag{5-34}$$

注：根据前面的分析，优化结果不能影响到齿轮的工况，则输入力取平均值 161 400N. mm。

（2）目标函数

在可靠性稳健优化设计时，主要考虑两个优化目标，一是其接触应力值最小，二是其可靠性相对于设计变量均值和标准差的不敏感。那么本书可靠性稳健优化的目标函数则应该为

$$F(X) = \omega_1 f_1(X) + \omega_2 f_2(X)$$

$$= \omega_1 g(X) + \omega_2 \sqrt{\sum_{i=1}^{4} (\frac{\partial P_f}{\partial \mu_i})^2} + \omega_3 \sqrt{\sum_{i=1}^{4} (\frac{\partial P_f}{\partial \sigma_i})^2} \tag{5-35}$$

（3）约束条件

在曲线圆柱齿轮接触应力可靠度稳健优化设计中，将齿轮的可靠度约束、设计变量以及强度约束等条件的取值范围统称为约束条件。

①可靠度约束

假设系统要求的最小可靠性为 R_0，则要求进行优化设计时需要满足，其优化后的可靠度 R 必须大于系统的最小可靠性要求 R_0，即：

$$R \geqslant R_0 (P[g(X) < 0] \geqslant \Phi(\beta_0)) \tag{5-36}$$

②变量取值范围约束

设计变量的取值不是任意的，因为其服从正态分布，根据 $[\mu - 3\sigma,$ $\mu + 3\sigma]$ 来确定各变量的取值范围。本书各变量的设计变量的约束条件为：

$$u_m - 3\sigma_m \leqslant m \leqslant u_m + 3\sigma_m$$

$$u_\alpha - 3\sigma_\alpha \leqslant \alpha \leqslant u_\alpha + 3\sigma_\alpha$$

$$u_T - 3\sigma_T \leqslant T \leqslant u_T + 3\sigma_T$$

$$u_{R_T} - 3\sigma_{R_T} \leqslant R_T \leqslant u_{R_T} + 3\sigma_{R_T}$$

$$u_B - 3\sigma_B \leqslant B \leqslant u_B + 3\sigma_B \qquad (5-37)$$

③强度约束

进行优化的提前是保证其能够正常的工作，根据设计要求，优化后的曲线圆柱齿轮接触应力要小于材料的许用强度 S，则有

$$g(X) - S < 0$$

针对本书的实际问题，以变双曲圆弧齿线圆柱齿轮设计目标，结合式（5-33）中建立的齿轮稳健性设计模型，则其数学模型为

$$X = [\alpha, m, B, R_T, T]^T = [x_1, x_2, x_3, x_4, x_5]^T \qquad (5-38)$$

稳健优化数学模型为

$$\begin{cases} \min F(X) = \omega_1 f_1(X) + \omega_2 f_2(X) + \omega_3 f_3(X) \\ \qquad\qquad = \omega_1 f_1(X) + \omega_2 \sqrt{\sum_{i=1}^{4} \left(\frac{\partial P_f}{\partial \mu_i}\right)^2} + \omega_3 \sqrt{\sum_{i=1}^{4} \left(\frac{\partial P_f}{\partial \sigma_i}\right)^2} \\ s.t. \quad R \geqslant R_0 \\ \qquad f_1(X) - 520.8 \leqslant 0 \\ \qquad x_{j\min} \leqslant x_j \leqslant x_{j\max}, \ j = 1, 2, 3, 4 \\ \qquad \frac{\partial P_f}{\partial \mu_i} - c_i < 0, \ i = 1, 2, 3, 4 \\ \qquad \frac{\partial P_f}{\partial \sigma_i} - d_i < 0, \ i = 1, 2, 3, 4 \end{cases} \qquad (5-39)$$

3. 构建改进 PSO-Kriging-RSM 代理模型

研究齿轮的可靠度稳健优化问题，研究可靠度稳健优化时，需要保证其工作性能，因此将力矩做恒值处理，即 $x_5 = 161.4$N. m。采用 AQPSO-Kriging-RSM 建立齿轮的可靠度稳健优化代理模型。

以 α、m、B、R_T 为优化变量，水平取值同第四章中，抽取 40 个训练样本，20 个测试样本，采用第三章中的有限元接触分析方法，得到 60 个样本的接触响应值。利用得到的样本，建立 AQPSO-Kriging 样本模型。其优化的收敛曲线和测试集对比效果如图 5-10 所示，图 5-11、图 5-12 为训练集和测试的残差图。

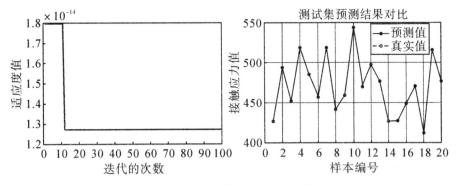

图 5-10　收敛曲线和测试集对比效果

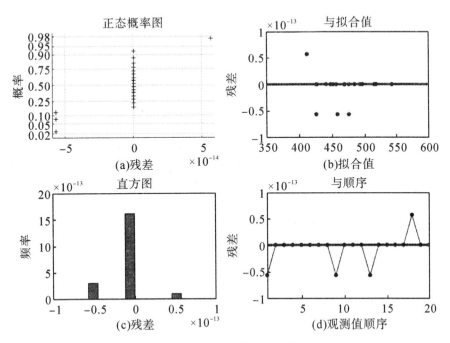

图 5-11　训练集和测试的残差图

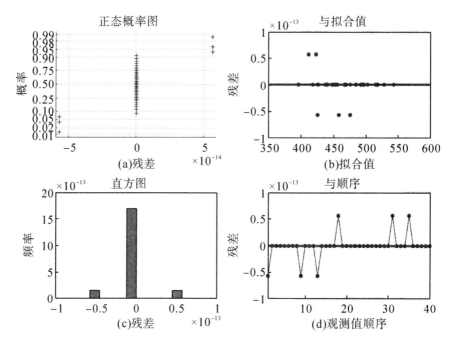

图 5-12 测试集和测试的残差图

响应面模型的建立。基于第三章第 8 节的 AQPSO- Kriging 和第四章第 3 节采用的响应面建模方法，此处选择完全二次式响应面，并采用优化拉丁超立方试验设计方法对本书研究对象的设计变量在设计上下限之间抽取 4 000 个样本点来进行完全二次式拟合，采用交叉验证，建立响应面模型。拟合后的残差图如图 5-13 所示，如图可以看出，利用响应面方法能实现对测试样本的复现，误差绝对值在 1MPA 以内。

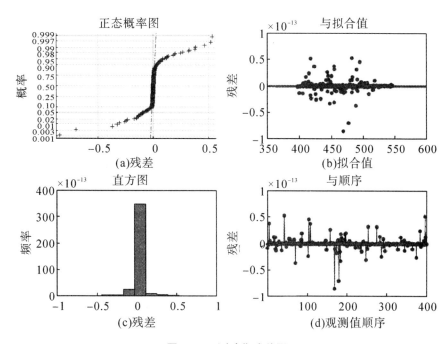

图 5-13 测试集残差图

对应的二项式数学表达式如下：

$$y = 3\ 074.142\ 733\ 747\ 04 - 58.461\ 386\ 127\ 535\ 2x_1 -$$
$$303.364\ 430\ 896\ 966x_2 - 43.367\ 731\ 300\ 424\ 9x_3 -$$
$$2.716\ 668\ 158\ 130\ 21x_4 + 0.352\ 720\ 752\ 332\ 038x_1^2 +$$
$$13.369\ 190\ 645\ 794\ 3x_2^2 + 0.322\ 250\ 881\ 667\ 287x_3^2 +$$
$$0.002\ 132\ 521\ 153\ 666\ 6x_4^2 + 1.569\ 966\ 175\ 622\ 51x_1x_2 +$$
$$0.662\ 914\ 582\ 145\ 259x_1x_3 + 0.011\ 704\ 499\ 788\ 209\ 4x_1x_4 +$$
$$1.004\ 626\ 854\ 964\ 64x_2x_3 + 0.186\ 448\ 526\ 514\ 711x_2x_4 +$$
$$0.004\ 484\ 630\ 973\ 423\ 88x_3x_4 \tag{5-40}$$

4. 可靠性稳健优化求解

结合第四章中的强度退化，在 13 000 小时，齿轮的强度为 518.617 8MPA，则对应的极限状态方程则可表示为

$$g(x) = 518.617\ 8 - (3\ 074.142\ 733\ 747\ 04 - 58.461\ 386\ 127\ 535\ 2x_1 -$$
$$303.364\ 430\ 896\ 966x_2 - 43.367\ 731\ 300\ 424\ 9x_3 -$$
$$2.716\ 668\ 158\ 130\ 21x_4 + 0.352\ 720\ 752\ 332\ 038x_1^2 +$$

$$13.\,369\,190\,645\,794\,3x_2^2 + 0.\,322\,250\,881\,667\,287x_3^2 +$$

$$0.\,002\,132\,521\,153\,666\,6x_4^2 + 1.\,569\,966\,175\,622\,51x_1x_2 +$$

$$0.\,662\,914\,582\,145\,259x_1x_3 + 0.\,011\,704\,499\,788\,209\,4x_1x_4 +$$

$$1.\,004\,626\,854\,964\,64x_2x_3 + 0.\,186\,448\,526\,514\,711x_2x_4 +$$

$$0.\,004\,484\,630\,973\,423\,88x_3x_4) \tag{5-41}$$

（1）优化前可靠及灵敏度

此时基于式（5-41）对应的 AFOSM 解可靠性为 0.995 6，优化前的灵敏度及响应灵敏度系数为

$$\frac{\partial P_f}{\partial \beta} \frac{\partial \beta}{\partial \mu^T} = \begin{bmatrix} -0.\,005\,380\,710\,116\,312\,73 \\ -0.\,055\,970\,511\,528\,346\,2 \\ -0.\,000\,274\,277\,436\,157\,545 \\ -0.\,000\,447\,274\,473\,439\,43 \end{bmatrix} \tag{5-42}$$

$$\frac{\partial P_f}{\partial \beta} \frac{\partial \beta}{\partial \sigma^T} = \begin{bmatrix} 0.\,002\,968\,460\,360\,539\,38 \\ 0.\,064\,239\,272\,094\,336 \\ 7.\,713\,157\,966\,372\,29e-06 \\ 0.\,001\,025\,581\,773\,498\,19 \end{bmatrix} \tag{5-43}$$

$$\lambda_i = -\left(\frac{\partial g}{\partial x_i}\right)_{x_i=\mu_{xi}} \sigma_{x_i} \Big/ \sqrt{\sum_{i=1}^{n}\left(\frac{\partial g}{\partial x_i}\right)_{x_i=\mu_{xi}}^2 \sigma_{x_i}^2} = \cos\theta_i =$$

$$\begin{bmatrix} -0.\,210\,326\,613\,006\,909 \\ -0.\,437\,566\,360\,579\,086 \\ -0.\,010\,721\,220\,053\,014\,9 \\ -0.\,874\,175\,869\,828\,944 \end{bmatrix} \tag{5-44}$$

注：式（5-39）中约束条件 c_i，d_i 分别取式（5-43）和式（5-44）中对应的值。

（2）可靠性稳健优化

根据式（5-36）、式（5-39）、式（5-42）和式（5-43）建立优化的数学模型，并利用智能优化算法（基于 Lévy 飞行策略的量子粒子群算法）进行多目标优化，优化过程的收敛曲线如图 5-14 所示。

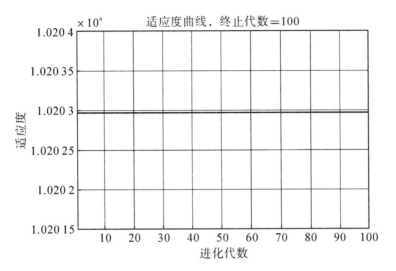

图 5-14 基于 Lévy 飞行策略的量子粒子群算法收敛曲线

优化后的设计变量取值为

$$X = [\alpha,\ m,\ B,\ R_T]^T$$
$$= [20.777\ 498\ 322\ 975\ 1,\ 3.379\ 435\ 123\ 855\ 89,$$
$$39.146\ 846\ 337\ 894\ 2,\ 309.033\ 962\ 245\ 218]^T \quad (5-45)$$

对应的 AFOSM 解失效率为 7.197 955 924 874 52e-07,优化后的灵敏度及响应灵敏度系数为

$$\frac{\partial P_f}{\partial \beta} \frac{\partial \beta}{\partial \mu^T} = \begin{bmatrix} -1.224\ 330\ 484\ 550\ 62e-06 \\ -1.258\ 183\ 938\ 232\ 68e-05 \\ -7.570\ 080\ 153\ 402\ 38e-08 \\ -1.065\ 571\ 480\ 112\ 82e-07 \end{bmatrix} \quad (5-46)$$

$$\frac{\partial P_f}{\partial \beta} \frac{\partial \beta}{\partial \sigma^T} = \begin{bmatrix} 1.040\ 170\ 214\ 874\ 50e-06 \\ 2.233\ 347\ 133\ 682\ 65e-05 \\ 3.746\ 119\ 031\ 550\ 46e-09 \\ 4.687\ 542\ 402\ 810\ 68e-07 \end{bmatrix} \quad (5-47)$$

$$\lambda_i = -\left(\frac{\partial g}{\partial x_i}\right)_{x_i=\mu_{xi}} \sigma_{x_i} \Big/ \sqrt{\sum_{i=1}^{n} \left(\frac{\partial g}{\partial x_i}\right)^2_{x_i=\mu_{xi}} \sigma^2_{x_i}} = \cos\theta_i =$$

$$\begin{bmatrix} -0.176\ 282\ 343\ 759\ 745 \\ -0.368\ 311\ 409\ 439\ 094 \\ -0.010\ 267\ 954\ 317\ 453\ 6 \\ -0.912\ 779\ 168\ 293\ 018 \end{bmatrix} \tag{5-48}$$

（3）数据圆整后的可靠度及其灵敏度

数据圆整后的设计变量取值

$$X = [\alpha,\ m,\ B,\ R_T]^T = [21,\ 3.5,\ 40,\ 310]^T$$

注：模数圆整为标准值，以方便后继的测试以及与标准齿轮的对比。

对应的 AFOSM 解失效率为 5.770 170 726 256 14e-08，优化后的灵敏度及响应灵敏度系数为

$$\frac{\partial P_f}{\partial \beta} \frac{\partial \beta}{\partial \mu^T} = \begin{bmatrix} -9.700\ 473\ 739\ 833\ 42e-08 \\ -1.054\ 785\ 480\ 054\ 58e-06 \\ 5.198\ 922\ 656\ 744\ 5e-10 \\ -9.349\ 346\ 938\ 181\ 44e-09 \end{bmatrix} \tag{5-49}$$

$$\frac{\partial P_f}{\partial \beta} \frac{\partial \beta}{\partial \sigma^T} = \begin{bmatrix} 8.284\ 763\ 254\ 172\ 14e-08 \\ 2.040\ 709\ 856\ 051\ 07e-06 \\ 2.266\ 374\ 253\ 922\ 48e-12 \\ 4.544\ 217\ 985\ 945\ 34e-08 \end{bmatrix} \tag{5-50}$$

$$\lambda_i = -\left(\frac{\partial g}{\partial x_i}\right)_{x_i=\mu_{xi}} \sigma_{x_i} \Big/ \sqrt{\sum_{i=1}^{n} \left(\frac{\partial g}{\partial x_i}\right)^2_{x_i=\mu_{xi}} \sigma^2_{x_i}} = \cos\theta_i$$

$$= \begin{bmatrix} -0.161\ 123\ 755\ 098\ 286 \\ -0.364\ 997\ 220\ 270\ 402 \\ 0.000\ 822\ 424\ 104\ 894\ 828 \\ -0.916\ 959\ 916\ 439\ 371 \end{bmatrix} \tag{5-51}$$

优化前后的灵敏度及响应灵敏度系数的直方图如图 5-15 所示。

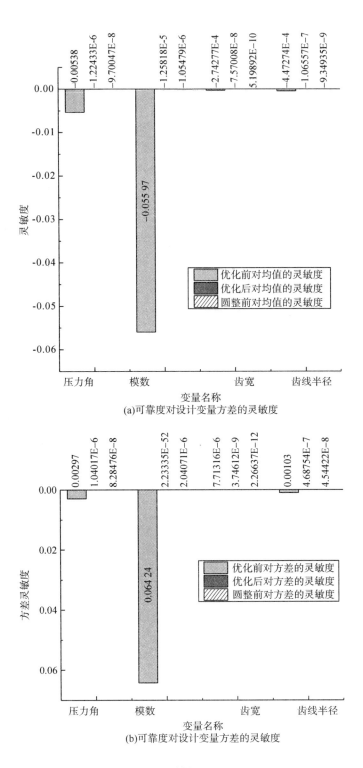

(a)可靠度对设计变量方差的灵敏度

(b)可靠度对设计变量方差的灵敏度

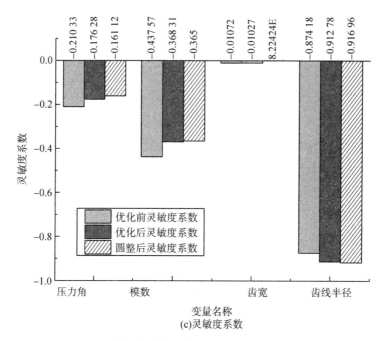

图 5-15　优化前后的灵敏度及响应灵敏度系数对比

从图 5-15 可以看出，优化后，变双曲圆弧齿线圆柱齿轮接触应力可靠度对设计变量的均值和方差的灵敏度明显降低，提高了其稳健性。同时，从灵敏度系数可以看出，接触应力响应对设计变量均值的灵感度，齿线半径对接触应力的响应显著。

第六章　基于代理模型的多学科设计优化

本章将代理模型应用于多学科设计优化，提出基于代理模型的多学科协调优化方法，详细阐述了算法流程，并采用算例验证介绍方法的有效性。

第一节　多学科设计优化

复杂工程系统的分析和设计常常涉及多个相互耦合的学科领域（或称子系统），耦合的存在使得任何一个学科部门的决策都受控于其他部门的决策，同时也将直接影响其他部门的决策制定。传统的复杂产品设计方法是在各个学科（子系统）内和各个设计阶段分别进行优化设计，是一种串行设计模式，很少甚至没有考虑各个学科间相互影响产生的协同效应，割裂了各学科之间的相互作用，所得到的设计结果往往获得的是局部最优解，很有可能失去全局最优解，而且设计周期长、成本高。

为此，需要从系统全局观点出发研究对工程系统进行优化设计的理论和方法，多学科设计优化正是针对这一问题的有效方法，其主要思想是针对复杂系统设计的整个过程中，集成各学科的知识，应用有效的设计优化策略和分布式计算机网络系统来组织和管理复杂系统的设计过程，充分利用各学科之间的相互作用所产生的协同效应，获得系统的整体最优解或工程满意解。其目的是提高产品性能、缩短设计周期和降低研制成本。

多学科设计优化是在传统设计方法和优化方法基础上的一个质的发展，其研究对复杂系统的设计具有重要的学术价值和广阔的应用前景。

一、多学科设计优化模型

多学科设计优化主要用来处理复杂的、各学科高度耦合的优化问题。例如，在电子仪器的散热问题中，我们想知道元件的温升情况，一般简单地认为可以单独通过热分析软件计算后得到。实际上，热分析需要知道元器件的功耗，而功耗需经电路分析获得，由于温度变化会引起阻抗的变化，使得电路分析又依赖于热分析的结果。

图 6-1 为一个典型的三学科分析模型，其中 x 为设计变量，u 为状态变量，某个学科的学科输出量又是其他学科的输入量，这带来了整个系统的耦合。如学科 1 的分析需要其他两个学科的状态变量作为其输入参数，而其他两个学科的分析又需要学科 1 的输出状态变量分别作为其输入参数。多学科之间的这种耦合关系，决定了完整的多学科系统分析需要在各学科分析之间反复迭代进行。

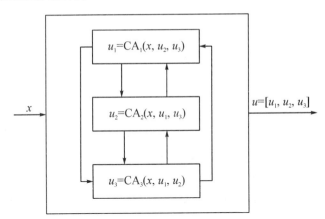

图 6-1 典型的三学科分析模型

系统分析可由如下的非线性联立方程组描述：

$$\begin{cases} u_1 = CA_1(x, u_2, u_3) \\ u_2 = CA_2(x, u_1, u_3) \\ u_3 = CA_3(x, u_1, u_2) \end{cases} \tag{6-1}$$

写成隐式表达式

$$W_i(x, u) = 0 \tag{6-2}$$

其中，CA 表示学科分析，如结构有限元分析、流体分析、热分析等；W_i 为学科分析的状态方程。多学科分析的迭代性质导致了多学科优化设计问题的复杂性。

多学科设计优化与传统优化方法的区别在于多学科设计优化引入了状态变量 u，单学科多目标优化模型见式（3-1），具有 N 个学科的多学科优化标准模型为

$$\min f(x, u)$$

$$\mathrm{s.t} \begin{cases} g(x, u) = \left[g_1(x, u), \cdots, g_N(x, u) \right] \leqslant 0 \\ h(x, u) = \left[h_1(x, u), \cdots, h_N(x, u) \right] = 0 \\ W_i(x, u) = 0 \quad i = 1, 2, \cdots, N \\ x^L \leqslant x \leqslant x^U \end{cases} \tag{6-3}$$

其中，f 表示目标函数（可以是多目标的）；g 为不等式约束向量；h 为等式约束向量；x^L，x^U 分别是设计变量 x 的上、下限。在多学科优化模型中，g 和 h 是设计变量 x 和状态变量 u 的函数。

二、多学科设计优化方法

围绕着公式（6-3）的有效求解问题，在优化过程中，耦合效应使得学科之间需要反复迭代计算，造成了巨大的计算量。为了解决此类问题，需要将问题的数学模型重新进行规划，以协调各学科子系统之间的相互作用，从而在优化过程中尽量减少各个学科的分析次数和多学科分析次数，获得整个多学科系统的优化解。最早提出多学科设计优化算法是该领域的技术创始人 J. S. Sobieski，首次提出了复杂耦合系统的全局灵敏度方程分析方法，随后，其他学者提出了很多多学科设计优化方法，其中有代表性的主要有以下几个：

（一）多学科可行法

多学科可行法（Multidisciplinary Feasibility Method，MDF）由优化器和多学科分析模块组成，如图 6-2 所示为两学科情况，多学科分析模块接受优化器提供的设计变量 x，进行多学科分析，得到输出状态变量 u，最后利用 x 和 u 计算目标函数和约束函数。这种方法的实质是用传统的优化方法将多学科系统作为一个整体进行优化设计，并不是真正意义上的 MDO 方法，运算开销大，适用于设计变量少，状态变量、目标函数以及约束条件计算不太复杂的场合。其优点是计算结果可靠，常用来对其他 MDO 算法的性能进行比较验证。

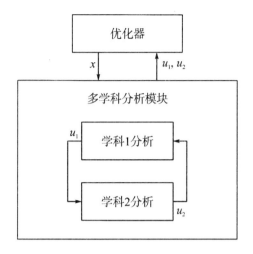

图 6-2　多学科可行法

（二）单学科可行法

单学科可行法（Individual Discipline Feasible Method，IDF）的基本思想是在优化过程中通过引入辅助设计变量（通常为耦合状态变量），使得各学科能够独立地进行分析，避免各学科之间直接的耦合关系。图 6-3 表示两个学科的单学科可行法，在进行学科级分析时，其他学科的输出状态变量用辅助变量 x_c 代替。各学科之间的耦合通过含有等式约束的系统级优化过程来统一协调，它保证了辅助设计变量与各学科分析真实输出变量之间的一致性。通过求解系统级优化问题，最终使得辅助变量与状态变量趋于一致。该算法的优点是无需进行系统分析，各个学科的分析可以并行运行；其缺点是各学科不能进行优化设计，只有在系统级优化完成时才能在可行域中找到一个一致性优化设计结果，中间结果一般不满足各学科一致性要求。此法适合于处理松耦合的复杂工程系统。

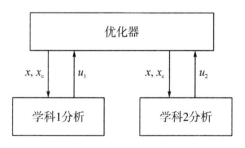

图 6-3　单学科可行法

（三）并行子空间优化法

并行子空间优化法（Concurrent Subspace Optimization，CSSO）最早于1988 年由 J. S. Sobieski 提出，后由 J. E. Renaud 等人改进，是一种双层优化算法，整个系统的优化被分解为一个系统层优化问题和若干个学科层优化问题。各学科层优化相互独立并行，学科层与系统层之间通过系统变量保持上下层之间的数据交换。CSSO 的主要功能部分有系统分析（SA）、学科分析（CA）、学科层优化（SSO）、系统层优化（STO）。如图 6-4 所示，工作流程：首先，通过试验设计建立状态变量的代理模型，其次进行"学科层并行优化→系统分析→更新代理模型→系统层优化→系统分析→更新响应面"的迭代循环，直至满足收敛条件。

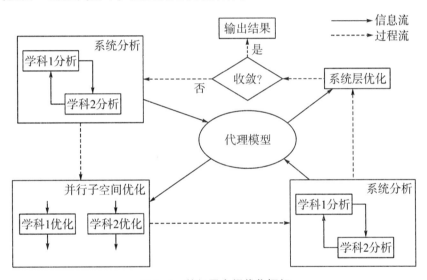

图 6-4　并行子空间优化框架

（四）两级集成系统综合法

两级集成系统综合法（Bi-Level Integrated System Synthesis，BLISS）是1998 年由 J. S. Sobieski 提出的一种基于敏度协调的多学科优化方法。随后，S. Kodiyalam 提出了基于响应面的 BLISS。该算法将整个系统的设计空间分解为具有较少全局设计变量的系统级和有大量局部变量的学科级。系统级通过改变全局设计变量的取值，获得改进设计，并满足全局性约束条件；各学科级则处理大量的与该学科关系密切的局部设计变量，同时满足相应的局部约束，且各学科层可独立执行、并行优化。系统级与各学科之间的耦合关系则通过优化敏度分析或代理模型方法建立各学科级优化结果与全局设计变量之间的近似关系来协调。图 6-5 表示 BLISS 方法流程图。

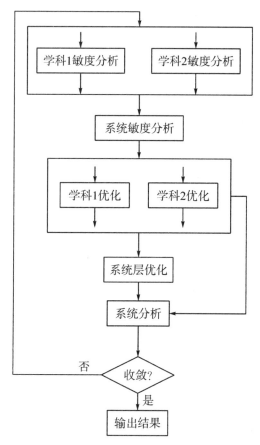

图 6-5 BLISS 方法流程

（五）协同优化方法

协同优化算法（Collaborative optimization approaches，CO）由 I. Kroo 等人在 1994 年提出，随后 N. M. Alexandrov 和 R. M. Lewis 指出协同优化方法在优化过程中可能会出现的计算困难问题是协同优化框架中系统层的一致性等式约束引起的，提出了基于响应面的改进措施。该算法针对的是松耦合的大型 MDO 问题。CO 方法将耦合变量作为系统层的辅助变量，并引入一致性约束，通过优化的方法来保证耦合学科间的一致性，从而避免了MDA 迭代。CO 按学科将整个系统分成若干子空间，优化过程包括系统层和学科层。图 6-6 表示标准协同优化计算框架。

CO 算法的优点是使各个学科能独立并行地进行优化，增加了各学科设计的自主性，缺点是其收敛性尚缺乏理论上的证明，而且由于多学科状态变量的引入，使得整个优化的规模加大了，再加上各子系统层的优化过程不直接涉及整个系统的目标函数，往往需要较多的迭代次数，因而总的计算量有可能并不会减少。

在协同优化方法中，系统层优化问题可描述为

$$
\begin{cases}
\min & F(Z) \\
s.t. & J_i^*(Z) = 0 \quad i = 1, 2, \cdots, N
\end{cases}
\tag{6-4}
$$

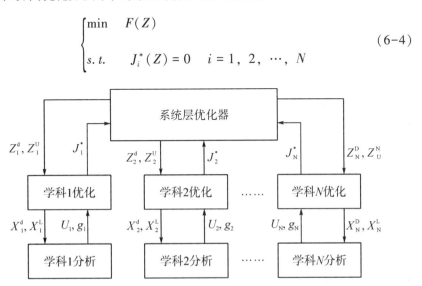

图 6-6 标准协同优化框架

其中，F 表示系统优化函数；$Z = [Z^D, Z^U]$ 表示系统层优化变量；Z^D 表示系统层设计变量，与子学科设计变量 X^D 对应；Z^U 表示系统层辅助变量，与子学科状态（输出）变量 U 对应；J^* 表示系统层优化约束条件，由学科级优化得到。

第 i 个学科的优化可描述为

$$
\begin{cases}
\min & J_i(X_i^D, X_i^L) = |Z_i^D - X_i^D|^2 + |Z_i^U - U_i|^2 \\
s.t. & g_i(X_i^D, X_i^L, U_i) \leq 0
\end{cases}
\tag{6-5}
$$

其中，X^L 表示学科级局部变量；J_i 表示学科级优化目标函数；g_i 表示学科级优化约束条件。

协同优化方法是在一致性约束算法的基础上提出的，它除了具有一致性约束算法共同的优点外（如软件集成难度低、可以分布式并行等），还有一些独特之处：

（1）适合于大规模的多学科优化问题。协同优化方法包含一个系统层优化器和各学科级独立优化器，系统层优化器负责共享设计变量和相关设计变量的协调优化，学科级优化器负责各自学科设计变量的优化，且可并行执行，这使得协同优化方法能够应用于大规模的多学科优化问题。

（2）系统层对学科级的依赖度低。每个学科的设计变量、约束和灵敏度仅与本学科有关，这些信息不在学科之间传递，所以学科层的某些变化（如学科约束和局部设计变量的增减）不会影响到系统层问题和系统整体问题的求解。

（3）工程适用性强。协同优化框架中的各学科专家可以自由选择适合本学科的设计方法和优化策略进行学科层的优化设计，且无须考虑其他学科的影响。这种算法结构相当吻合现有工程设计的组织形式。系统层代表总体组，学科层优化代表某一学科领域如结构、控制、电路等研究组，具有明显的模块化设计特点，这使得协同优化的设计组织工作变得相对容易。

总之，与其他多学科设计优化方法相比，协同优化方法由于采用学科级优化器进行学科决策，系统级优化器进行学科间不一致性的协调优化，较好地解决了多学科设计优化问题面临的计算复杂性和组织复杂性两大难题，因此特别适用于大规模复杂工程系统的分布式设计环境。

（六）各种多学科设计优化方法的特点

基于上文对 5 种最常见的确定性 MDO 方法的基本原理和特点的介绍，这里对这五种 MDO 方法进行对比分析和总结。

表 6-1 列出了 5 种常见 MDO 方法，分别从分解技术、收敛性、计算成本、求解效率和适应的工程问题等方面进行的比较。总而言之，这 5 种 MDO 方法各有自己适合的场合，也有自己的局限性，通过分析可以发现 MDO 方法解决 MDO 问题的核心都是围绕解耦和协调来进行的，通过不同的方式来减少或避免计算非常耗时的多学科分析次数和繁琐的灵敏度分析，同时保持学科间的一致性。事实上，求解 MDO 问题方法还不止这 5 种，很多学者仍然在深入研究、探索更加高效的适合复杂工程产品设计的 MDO 方法。这其中，通过代理模型技术这种方式来降低求解 MDO 问题的耗时与提高求解效率是很有效的。

表 6-1 常见 MDO 方法的对比

对比指标	MDF	IDF	CSSO	BLISS	CO
系统分解层数	1	1	2	2	2
是否需要多学科分析	是	否	是	否	否
是否需要灵敏度分析	否	否	是	否	否
影响收敛速度主要因素	子系统数和系统设计变量数	子系统间耦合程度和系统设计变量数	系统设计变量数	系统初始点的选取	子系统间耦合程度
收敛效果	一般	一般	一般	较好	一般
求解效率	较差	一般	较差	较好	一般
适合的工程问题	子系统较少且耦合紧密	子系统间耦合松散	系统设计变量少	系统级变量少	子系统间耦合松散

三、多学科设计优化中的优化算法概述

MDO 作为一种先进的设计方法论被广泛应用于现代复杂的工程产品的设计中，它在设计初始阶段考虑工程产品的全生命周期，能极大地提高产品开发效率，增强产品性能。但是求解 MDO 问题具有计算量大与解耦复杂的难点，在求解 MDO 的算法中并没有哪种算法一定优于其他算法，也没有哪种算法适合求解所有的 MDO 问题。而其中主要有传统优化算法和现代智能优化算法两大类。在传统优化算法中，基于梯度的优化方法如 SQP 法可以有效求解包含复杂非线性约束的问题，目前应用比较广泛，但不适合求解非凸和离散的优化问题。针对现代复杂工程产品设计问题往往包含复杂的耦合、不连续和非凸的情况，传统的优化算法很难满足工程实际的需求。而现代智能优化算法具有对真实物理模型或数学模型信息需求宽松、设计空间可离散、不依赖于梯度信息与全局寻优能力强的特点，应用前景广阔。因此，可以将现代智能优化算法应用到 MDO 方法中，对复杂工程产品的多学科问题进行求解，以提高寻优能力，获得复杂工程产品的最好满意解。

现代智能优化算法层出不穷，如蚁群算法、粒子群优化算法、人工神经网络、细菌觅食算法、差分进化以及人工蜂群算法等。这些算法都是基于对生物种群进化的模拟而进行优化的随机算法，通过生物体的个体和群

体之间的交叉影响而获得启发，把一整套逻辑严谨的生物行为用数学表达方式建立随机模型，进行反复迭代而获得最优解。由于这些生物体之间的信息传递、感知、表达和反馈等极大提高了个体的能力，所以这些又被称为群体智能算法。群体智能算法是一种模拟生物体之间的分工与协同行为而开发的一类优化算法，如蚁群算法是分析蚂蚁觅食中产生的信息传递方式；粒子群优化算法是在研究鸟类迁徙之间的信息交互方式；细菌觅食算法是研究大肠杆菌的生物行为等。总的来说，这些算法都是基于随机模型进行寻优，各有其长处与局限性。

第二节　基于代理模型的多学科协同优化方法

正如前文提及，尽管标准的协同优化方法在理论上解决多学科问题时具有很多优点，但是，仅适用于连续变量的设计与优化问题，且计算成本高。在实际应用中，特别是当学科级目标性能和约束函数无法用显示数学表达式描述，只能用数值仿真计算时，会出现无法收敛或收敛于局部最优解的计算困难问题，一个有效的改进措施就是引入代理模型技术，但响应面代理模型在强非线性时精度低，需要的样本数多，在实际工程中应用并不通用。为此，本书采用了一种基于支持向量回归代理模型的多学科协同优化方法，它利用支持向量回归机技术实现各个学科并行设计和优化，其优点是积累在设计过程中学科提供的信息；每次迭代都能在可行域内找到一个更好的结果，算法效率较高；允许系统层变量为离散变量，不需要灵敏度分析。

一、算法模型

在系统层优化模型中，原来的一致性约束函数由现在的代理模型代替，系统层的优化模型如下：

$$\begin{cases} \min & F(Z) \\ s.t. & \hat{J}_i^*(Z) = 0 \quad i = 1, 2, \cdots, N \end{cases} \tag{6-6}$$

$\hat{J}^*$ 表示系统层优化约束条件，由学科级优化得到，本算法由支持向量回归代理模型替代。

第 i 个学科优化模型为

$$\begin{cases} \min & J_i(X_i^D, X_i^L) = |Z_i^D - X_i^D|^2 + |Z_i^U - \hat{U}_i|^2 \\ s.t. & g_i(X_i^D, X_i^L, \hat{U}_i) \leqslant 0 \end{cases} \quad (6-7)$$

当学科状态变量 U 需要大量仿真计算才能得到时，$\hat{U}_i$ 表示第 i 学科状态变量 U 的代理模型，其模型的构建见第二章；若 U 可以用简单的数学公式描述时，$\hat{U}_i = U$。

二、算法流程

本书提出的方法求解多学科优化问题的计算流程如图 6-6 所示，具体步骤如下：

（1）构建各学科分析初始代理模型。根据各学科设计变量的取值范围，进行试验设计安排，对计算机仿真而言，通常选用拉丁超立方抽样，然后在试验点处进行各学科分析，即求解式（6-1）的状态方程，得到相应的状态向量。将各设计变量 X 与状态向量 U，构建出各学科的代理模型 $\hat{U}$。这一步由各个学科独立完成，代理模型根据实际问题选取，详细过程见第二章。若 U 可以用数学公式描述时，则不进行该步骤。

（2）根据系统设计变量的情况，选用合适的试验设计，给出 k 个系统设计变量期望值。

（3）将给出系统设计变量期望值传给各学科，根据式（6-7）的模型进行学科级优化，得到 k 个学科目标函数最优值。

（4）把 k 个学科目标函数最优值作为输入，k 个系统设计变量期望值作为输出，建立他们之间的初始支持向量回归机代理模型 $\hat{J}^*$。

（5）根据式（6-6）的模型进行系统层优化，得到新的设计向量期望值。

（6）将新的设计向量传给各学科，进行学科分析，更新学科级代理模型。

（7）进行学科级优化，得到新的学科目标函数最优值。

（8）更新系统层支持向量回归机代理模型，转至第 5 步。

（9）若系统层优化满足收敛条件，转到第 10 步，否则继续执行第 5 至 8 步。

（10）优化结束，输出结果。

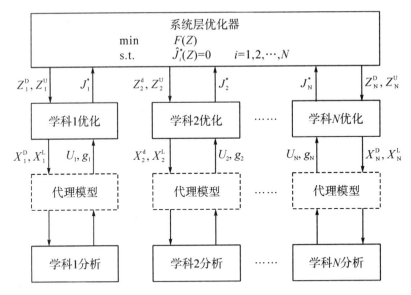

图 6-6　基于代理模型的多学科协同优化框架

三、算例

以一个检验多学科优化策略的经典算例来验证本书提出方法的正确性，该问题的数学优化模型描述如下：

$$
\begin{aligned}
\min \quad & f = x_2^2 + x_3 + y_1 + e^{-y_2} \\
\text{s. t.} \quad & g_1 = 1 - y_1/8 \leqslant 0 \\
& g_2 = y_2/10 - 1 \leqslant 0 \\
& -10 \leqslant x_1 \leqslant 10 \\
& 0 \leqslant x_2 \leqslant 10 \\
& 0 \leqslant x_3 \leqslant 10
\end{aligned}
\tag{6-8}
$$

其中，$y_1 = x_1^2 + x_2 + x_3 - 0.2 y_2$；$y_2 = y_1^{\frac{1}{2}} + x_1 + x_3$；设计变量 $\mathrm{x} = [x_1, x_2, x_3]^{\mathrm{T}}$

上述优化模型可以分解成 2 个相互耦合的学科，3 个设计变量，2 个状态变量的多学科问题，子学科优化模型分别如下：

学科 1 优化模型为

$$
\min \quad f_1 = x_2^2 + x_3 + y_1 \text{s. t.} \quad g_1 = 1 - y_1/8 \leqslant 0
\tag{6-9}
$$

设计变量为 x = $\begin{bmatrix} x_1, & x_2, & x_3 \end{bmatrix}^\mathrm{T}$

学科 2 优化模型为

$$\min \quad f_2 = e^{-y_2}$$

$$\text{s. t.} \quad g_2 = y_2/10 - 1 \leqslant 0 \qquad (6\text{-}10)$$

设计变量为 x = $\begin{bmatrix} x_1, & x_3 \end{bmatrix}^\mathrm{T}$

采用基于代理模型的多学科协同优化方法，系统层优化模型为

$$\min \quad f = z_2^2 + z_3 + z_4 + e^{-z_5}$$

$$\text{s. t.} \quad \hat{J}_1 = 0 \qquad \hat{J}_2 = 0 \qquad (6\text{-}11)$$

系统设计变量 z = $\begin{bmatrix} z_1, & z_2, & z_{3,} z_4, & z_5 \end{bmatrix}^\mathrm{T}$

学科 1 优化模型为

$$\min \quad J_1 = (z_1 - x_1)^2 + (z_2 - x_2)^2 + (z_3 - x_3)^2 + (z_4 - y_1)^2 + (z_5 - y_2)^2$$

$$\text{s. t.} \quad -10 \leqslant x_1 \leqslant 10 \quad 0 \leqslant x_2 \leqslant 10 \quad 0 \leqslant x_3 \leqslant 10$$

$$y_1 = x_1^2 + x_2 + x_3 - 0.2 y_2 \geqslant 8 \quad y_2 \leqslant 10 \qquad (6\text{-}12)$$

设计变量为 x = $\begin{bmatrix} x_1, & x_2, & x_3, & y_2 \end{bmatrix}^\mathrm{T}$

学科 2 优化模型为

$$\min \quad J_1 = (z_1 - x_1)^2 + (z_3 - x_3)^2 + (z_4 - y_1)^2 + (z_5 - y_2)^2$$

$$\text{s. t.} \quad -10 \leqslant x_1 \leqslant 10 \quad 0 \leqslant x_3 \leqslant 10$$

$$y_1 \geqslant 8 \quad y_2 = y_1^{\frac{1}{2}} + x_1 + x_3 \leqslant 10 \qquad (6\text{-}13)$$

设计变量为 x = $\begin{bmatrix} x_1, & x_3, & y_1 \end{bmatrix}^\mathrm{T}$

由于本例的状态向量 $y = \begin{bmatrix} y_1, & y_2 \end{bmatrix}^\mathrm{T}$可直接由公式计算，所以不需要构建学科级的响应面模型。

从初始点 [0, 5, 0] 开始，利用基于支持向量回归机代理模型进行协同的多学科设计优化（SVR-CO）与标准的协同多学科设计优化方法（标准 CO），以及采用多学科可行法 MDF 进行优化得到的结果如表 6-2，其中标准 CO 与 MDF 的优化算法均选用序列二次规划法，而 SVR-CO 主要采用智能优化算法如遗传算法。

由表 6-2 的优化结果可知，基于支持向量回归机代理模型的协同多学科优化与多学科可行法得到的优化结果基本一致，说明解的质量非常可靠，这类似的方法是可行的。进一步将该方法与标准的协同多学科设计优化方法比较可知，该方法的多学科系统分析次数减少，从而相应地节省了优化时的计算成本。

表 6-2　优化结果

分类	MDF	标准 CO	SVR-CO
x_1	3.025	3.042 7	3.016
x_2	0.000	0.048 7	0.053
x_3	0.000	−0.073	−0.116
y_1	7.985	7.974	7.932
y_2	5.85	5.871	5.901
R_1	—	0.006 6	0.017 3
R_2	—	0.006	0.016 1
f	7.949	7.906	7.898
系统分析次数	125	72	27

比较图 6-7 可知，SVR-CO 方法、标准 CO 与 MDF 方法都有较快的收敛性，而 SVR-CO 方法开始的收敛速度更快，由于遗传算法需要迭代的次数较多，对于本算例的优化问题，遗传算法需要 39 代的计算才能收敛，该算法的计算效率不如传统优化算法高。当算法应用于基于复杂仿真模型的优化时，优化迭代的时间远小于学科模型分析的时间。总的说来，基于代理模型的多学科协同优化这类似的方法极大地提高了计算效率，非常适合复杂工程应用。

虽然 SVR-CO 方法得到的最优值不及 MDF 方法，其主要原因与代理模型的精度有关，相比其他代理模型，相同条件下 SVR 代理模型的精度是最好的。在实际应用时，可视情况增加更合理的样本点，那么 SVR-CO 方法得到的最优值越趋近真实值。

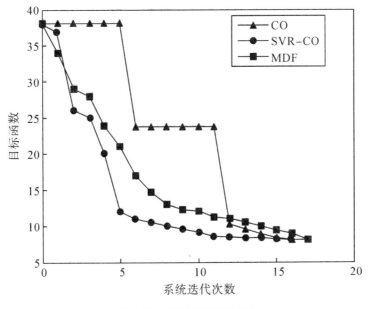

图6-7　目标函数收敛过程

第三节　基于协同近似的多学科设计优化方法

一、协同模型的构建

为了获得满足系统分析或多学科分析（SA/MDA）的可行样本，构建了一个协同模型作为过滤器。为了便于解释和保持通用性，这里以一个具有两个相互耦合状态变量的 MDO 问题为例。耦合状态方程如公式（6-14）所示，MDO 方法的关键就是求解这个耦合状态方程。

$$\begin{cases} u_1 = Y_1(x_1, \ x_s, \ u_2) \\ u_2 = Y_2(x_2, \ x_s, \ u_1) \end{cases} \quad (6\text{-}14)$$

其中，Y_1 是一个显式函数，它反映 u_1 与 x_1、x_s 和 u_2 之间的物理关系，同时 Y_1 也是一个隐式函数，它反映了 u_1 与 x_1、x_s 和 x_2 之间的数学关系。协同模式的构建是通过构造两个代理模型的相同耦合状态变量：一个是逼近物理关系的显式关系模型，另一个是逼近数学关系的隐式关系模型。其中隐式和显式函数的具体表达分别如下：

$$\begin{cases} \overline{u}_1 = Y_1(x_s,\ x_1,\ x_2) \\ \hat{u}_1 = Y_1(x_s,\ x_1,\ \overline{u}_2) \\ \overline{u}_2 = Y_2(x_s,\ x_1,\ x_2) \\ \hat{u}_2 = Y_2(x_s,\ x_1,\ \overline{u}_1) \end{cases} \tag{6-15}$$

其中，$\overline{y}_i$ 和 $\hat{y}_i$ 分别表示与状态参数 y_i 相关的隐式函数和显式函数。给定一组设计变量 x，定义 D 表示学科一致性/不一致性，具体表达如下：

$$D = \sum_{i=1}^{n} |\overline{y}_i - \hat{y}_i| \tag{6-16}$$

其中，n 表示耦合状态变量的个数。与对应大 D 值的样本点相比，对应小 D 值的点更有可能满足 SA/MDA。

该协调模型能够有效地剔除不符合设计要求的样本点，从而加快优化过程，提高求解效率。构建代理模型有多种选择，如 RSM 模型、RBF 模型、Kriging 模型和 SVR 模型等。然而，这里的代理模型仅是起到一个"筛子"的作用，只是筛选出更能反映多学科问题本身属性的样本点，并不是作为优化目标函数的代理模型，因此，可以不需要高精度。本书利用径向基函数模型来构建协同模型。由于这只是一个指导抽样的模型，这里采用一个简单的线性径向基函数来构造协同模型。线性径向基函数表示为

$$\hat{y}(x) = \sum_{i=1}^{n} \alpha_i \varphi(\|x - x_i\|) \tag{6-17}$$

代理模型技术主要包括两个部分：试验设计和代理模型的构建。DOE 方法有多种，如全因子设计、正交设计、均匀设计，中心复合设计，拉丁超立方体采样等，具体方法见第二章。

二、代理模型的选择

复杂工程系统往往包含复杂和耦合的学科或子系统，对系统性能的仿真分析，如有限元分析和计算流体动力学分析等，需要大量的计算资源，代价非常昂贵。一般来说，代理模型技术作为一种易于处理的廉价工具，在复杂系统设计的优化过程中得到了广泛的应用。由上文可知，代理模型的构建方法常用的有 RSM 模型、RBF 模型、Kriging 模型和 SVR 模型等。其中 RSM 模型是一种广泛使用的代理模型，对于 N 个输入变量的问题，二阶 RSM 模型需要确定（N+1）（N+2）/2 个系数；随着变量数量的增加，三阶和更高阶的模型需要确定的系数太多，因而不是很常用。总的来

说，RSM 适用于非线性程度较低的近似问题，RBF 不需要指定目标函数表达式或导数信息，它只需要选择一个径向基函数，就可以用较少的设计点有效地构造一个相对精确的模型。Kriging 模型和 SVR 模型对各种非线性函数具有较高的逼近精度，在优化领域得到了广泛的应用。

针对 MDO 优化模型进行近似，如果代理模型精度太低，那么优化的实现就没有意义。为了选择一个合理的模型，仍然需要第二章介绍的度量方法来评估代理模型的精度。

三、基于协同近似的多学科设计优化方法的步骤和流程

本节将具体阐述协同近似的多学科设计优化方法的基本思想、主要步骤和流程，该方法的基本思想是通过一种协同模型来选择满足多学科可行的样本点，本章中称为协同抽样，然后通过这些样本点构建多种代理模型，并进行代理模型的验证和确认，之后选择最佳的代理模型，并使用基于梯度的优化方法如（SQP 法）来进行优化求解。

图 6-8 描述了协同近似的多学科设计优化方法求解的具体流程。运用协同近似的多学科设计优化方法求解工程产品 MDO 问题的主要步骤如下：

步骤一：构建协同模型，进行协同抽样。

（1）采用拉丁超立方抽样法抽取初始样本点；

（2）利用该函数是线性函数的径向基函数构建协同模型；

（3）利用协同模型筛选出有效的 m 个满足多学科可行的样本点，并且按 D 值的大小升序排列，m 值可以根据设计变量的多少而取不同的值，从理论上说，m 的一般取值为设计变量个数的 10 倍就可以基本保证代理模型的精度。

步骤二：构建代理模型并验证和确认。

（1）利用协同模型筛选出的 m 个样本点分别构建响应面模型、径向基函数模型、Kriging 模型和 SVR 模型；

（2）使用代理模型的评价准则来判断和确定最优代理模型；

（3）通过计算得到各个样本点处的响应值。

步骤三：构建 MDO 问题的优化模型并求解。

（1）利用得到的相关数据和选定的最优代理模型构建 MDO 问题的优化模型；

（2）使用基于梯度的优化方法求解 MDO 问题。

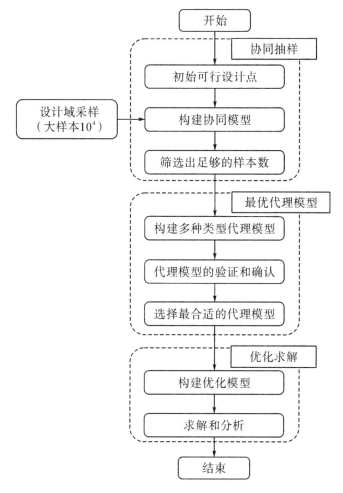

图 6-8 协同近似的多学科设计优化方法的流程

　　总之，该方法是一种单级的 MDO 方法，结构简单，实施方便，同时不需要繁琐的灵敏度计算，适合于用到多学科可行法和单学科可行法；通过协同模型筛选更能反映多学科问题本身属性的样本点，维持系统的多学科一致性；通过构建代理模型并验证和确认，选择最优的代理模型来构建 MDO 优化模型，避免了复杂耗时的多学科分析，从而提高计算效率。有关学者研究结果表明，和单学科可行法方法相比，可以得出协同近似的多学科设计优化方法求解精度高、迭代次数少和收敛快，是一种有效的 MDO 方法。协同近似的多学科设计优化方法适应于设计变量和耦合变量中等的

MDO 问题求解，然而由于本节采用的是传统的基于梯度的优化算法，对于目标函数不连续，非凸的优化问题不是很适用，因此在下一节将会对利用现代智能优化算法作为求解算法的 MDO 方法展开进一步的研究。

第四节　基于协同近似与智能优化算法的多学科设计优化方法

针对复杂系统耦合的问题，无论是传统的优化算法或者是现代智能优化方法都难以高效求解。因此在进行优化求解之前可以先解耦，而通过代理模型解耦的方法比较方便和简单。虽然之前有许多文献介绍了基于代理模型求解 MDO 问题，但是这些文献很少会判断获得的样本点是否满足问题的内在耦合特性。如果采用随机的采样方法获得样本点，无论是均匀抽样，拉丁超立方抽样或者其他抽样方法，这些获得的样本点一般都直接用来构建代理模型。但是并不是获得的样本点都满足耦合状态方程，某些点可能使得耦合方程无解或者无意义，这就失去了 MDO 问题的属性。因此可以考虑通过协同抽样方法获得样本点，然后再通过代理模型的验证和确认获得最优的代理模型，从而进行后续的 MDO 求解。

上一节已经详细介绍协同抽样的具体步骤，这里不再赘述。本章结合多目标智能优化算法（如遗传算法、粒子群算法等），进一步介绍基于协同近似与智能优化算法的多学科设计优化方法。主要步骤如下：

步骤 1：进行随机抽样。可以选择任意随机抽样方法，比如均匀抽样，LHS 抽样等，这里选用 LHS 抽样，在设计空间内获得足够多的样本点作为初始样本点集合。

步骤 2：构建协同模型。根据第三章的相关表述构建协同模型，相当于构建一个样本点的"筛子"，通过很小的计算量就能把那些不满足耦合状态方程的样本点剔除，并且维持多学科一致性，避免了复杂耗时的多学科分析过程。

步骤 3：通过步骤 2 获得的样本点构建多种代理模型。这里选用 MDO 中最常用的三种代理模型，分别为 RSM 模型、RBF 模型和 Kriging 模型，当然其他代理模型也完全可以，比如 SVR 模型、人工神经网络或组合代理模型等。

步骤 4：对构建的代理模型进行验证和确认。通过交叉验证和测试选择最优的代理模型用于后续的优化计算。

步骤 5：对目标函数和约束条件构建代理模型。针对目标函数和约束条件，其都是选择自己最优的代理模型，而并非都是使用同一种代理模型。

步骤 6：构建优化框架。基于上述步骤构架的代理模型，结合智能优化算法构建优化框架，并设置相关参数。

步骤 7：求解和分析。通过智能优化算法对优化模型进行求解，然后分析优化结果并和传统的优化方法求得的结果进行比较分析来验证不同方法的有效性。

参考文献

［1］陈立周. 机械优化设计方法［M］. 北京：冶金工业出版社，2005.

［2］方开泰. 均匀试验设计的理论方法和应用——历史回顾［J］. 数理统计与管理，2004，23（3）：69-80.

［3］公茂果，焦李成，杨咚咚，等. 进化多目标优化算法研究［J］. 软件学报，2009，20（2）：271-289.

［4］黄章俊. 复杂结构设计的优化方法和近似技术研究［D］. 沈阳：东北大学，2010.

［5］李昌，韩兴. 基于响应面法齿轮啮合传动可靠性灵敏度分析［J］. 航空动力学报，2011（3）：711-715.

［6］李坚. 代理模型近似技术研究及其在结构可靠度分析中的应用［D］. 上海：上海交通大学，2013.

［7］李士勇，陈永强，李研. 蚁群算法及其应用［M］. 哈尔滨：哈尔滨工业大学出版社，2004.

［8］梁尚明，殷国富. 现代机械优化设计方法［M］. 北京：化学工业出版社，2005.

［9］宁伟康. 进化多目标优化及其应用［D］. 西安：西安电子科技大学，2018.

［10］佟操，孙志礼，柴小冬，等. 基于响应面和MCMC的齿轮接触疲劳可靠性［J］. 东北大学学报（自然科学版），2016（4）：532-537.

［11］夏定纯，徐涛. 计算智能［M］. 北京：科学出版社，2008.

［12］邢文训，谢金星. 现代优化计算方法［M］. 北京：清华大学出版社，1999.

［13］ADELI Y C. Perception Learning in engineering Design［J］. Microcomputers in civil engineering, 1989, 4 (4): 247-256.

[14] ANGELINE P J. Evolutionary optimization versus particle swarm optimization: Philosophy and Performance Differences. In: The Seventh Annual Conf. on Evolutionary Programming, 1998.

[15] BARTHELEMY J F M, HAFTKA R T. Approximation concepts for optimum structural Design-a review [J]. Structural Optimization, 1993: 129-144.

[16] BEYER H. G, SENDHOFF B. Robust optimization — a comprehensive survey [J]. Computer Methods in Applied Mechanics and Engineering, 2007, 196 (33): 3190-3218.

[17] BOX G E P, WILSON K B. On the experiment attainment of optimum conditions [J]. Journal of Royal Statistical Society, 1951, 13: 1-45.

[18] BUHMANN M D. Radial Basis Functions: Theory and Implementations [M]. Cambridge University Press, Cambridge, UK. 2003.

[19] DEB K. A fast elitist multi–objective genetic algorithm: Nsga–ii [J]. IEEE Transactions on Evolutionary Computation, 2000, 6 (2): 182-197.

[20] FISHER R A. The arrangement of field experiment [J]. Great Britain, 1926, 33 (4): 503-513.

[21] GOLDBERG D E. Genetic algorithms in Search, optimization and machine Learning [J]. Massachusetts: Addison-Wesley, 1989.

[22] HOLLAND J H. Adaptation in natural and artificial systems [M]. Cambridge: MIT Press, 1975.

[23] JIN R C, CHEN W, SUDJIANTO A. An efficient algorithm for constructing optimal design of computer experiments [J]. Journal of statistical planning and inference, 2005, 134 (1): 268-287.

[24] JIN R, CHEN W, SUDJIANTO A. On sequential sampling for global metamodeling for in engineering design [J]. Proceedings ASME 2002 Design Engineering Technical Conferences and Computer and Information in Engineering Conference, Montreal, Canada, 2002.

[25] KENNEDY J, EBERHART R. Partice swarm optimization [C]. IEEE International Conference on Neural Networks, Perth, Austrialia, 1995: 1942-1948.

[26] KROO I, ALTUS S, BRAUN R, et al. Multidisciplinary optimization

methods for aircraft preliminary design. 5th AIAA/USAF/N ASA/ISSMO Symposium on Multidisciplinary Analysis and Optimization, Bellevue, Washington, 1996.

[27] MIETTINEN K M. Nonlinear multiobjective optimization [M]. Boston: Springer, MA, 1998.

[28] MYERS R H, MONTGOMERY D C. Response surface methodology: Process and Product Optimization Using Designed Experiments [M]. New York: John Wiley & Sons Inc, 1995.

[29] PAPADRAKAKIS M, PAPADOPOULOS V, LAGAROS N D. Structural reliability analysis of elastic – plastic structures using neural networks and Monte Carlo simulation [J]. Computer Methods in Applied Mechanics and Engineering. 1996, 136: 145–163.

[30] PERRONE M P, COOPER L N. When networks disagree: ensemble methods for hybrid neural networks [M]. How We Remember: Toward An Understanding Of Brain And Neural System. 1995: 342–358.

[31] RIGET J, VESTERSTROEM J S. A diversity–guided particle swarm optimizer – the ARPSO. No. 2002 – 02, Department of Computer Science, University of Aarhus, EVALife, 2002.

[32] SCHMIT L A, FARSHI B. Some approximation concepts for structural synthesis [J]. Journal of AIAA, 1974, 12: 692–699.

[33] SIMPSON T W, PEPLINSKI J D, KOCH P N, et al. Meta–models for computer–based engineering Design: survey and recommendations [J]. Engineering Computation. 2001, 17: 129–150.

[34] SOBIESKI J S, BARTHELEMY J F M, RILEY K M. Sensitivity of optimum solutions to problem parameters [J]. AIAA Paper 81 – 0548R and AIAA J., 1982, 20 (9): 1291–1299.

[35] STEIN M L. Interpolation of Spatial Data: Some theory for kriging [M]. Springer Verlag. 1999.

[36] STORN R, PRICE K. Differential evolution–a simple and efficient adaptive scheme for global optimization over continuous saace [R]. Technical report, International Computer Science Institute, March 1995, Berkley, TR–95–102, 1995: 1–15.

［37］ SUGANTHAN P N. Particle swarm optimizer with neighborhood operator. In: Proceedings of the 1999 Congress on Evolutionary Computation ［J］. Piscataway, NJ. IEEE Service Center, 1999, 1958-1962.

［38］ TAGUCHI G. Quality engineering through design optimization ［M］. New York: Krauss International Press, 1986.

［39］ VAPNIK V N. Statistical learning theory ［M］. Wiley, 1998.

［40］ VIANA F A C. Multiple surrogates for prediction and optimization ［D］. Gainesville: University of Florida, 2011.

［41］ WANG G G, SIMPSON T W. Fuzzy clustering based hierarchical metamodeling for space reduction and design optimization ［J］. Eng. Optimiz., 2004, 36 (3): 313-335.

［42］ WONG F S. Slope reliability and response surface method ［J］. Journal of Geotechnical Engineering. 1985, 111: 32-53.

［43］ YANG X S. Nature - Inspired Metaheuristic Algorithms: Second Edition ［M］. Luniver Press, 2010.